중성미자 천문학의 탄생

전파과학사는 독자 여러분의 책에 관한 아이디어와 원고 투고를 기다리고 있습니다. 디아스포라는 전파과학사의 임프린트로 종교(기독교), 경제·경영서, 일반 문학 등 다양한 장르의 국내 저자와 해외 번역서를 준비하고 있습니다. 출간을 고민하고 계신 분들은 이메일 chonpa2@hanmail.net로 간단한 개요와 취지, 연락처 등을 적어 보내주세요.

중성미자 천문학의 탄생

소립자로 우주를 본다

\-

초판 1쇄 1994년 04월 25일
개정 1쇄 2023년 01월 09일

\-

지은이 고시바 마사토시
옮긴이 한명수
발행인 손동민
디자인 강민영

\-

펴낸곳 전파과학사
출판등록 1956. 7. 23 제 10-89호
주 소 서울시 서대문구 증가로18, 204호
전 화 02-333-8877(8855)
팩 스 02-334-8092
이메일 chonpa2@hanmail.net
홈페이지 www.s-wave.co.kr
공식 블로그 http://blog.naver.com/siencia

ISBN 978-89-7044-643-1(03440)

중성미자 천문학의 탄생

소립자로 우주를 본다

고시바 마사토시 지음 | 한명수 옮김

전파과학사

대마젤란성운에 발생한 초신성

1987년 2월 24일 새벽, 토론토 대학의 셸턴에 의해 칠레의 천문대에서 발견되었다. 위 사진은 폭발 전의 청색 거성(화살표 B), 아래 사진은 폭발 후의 상태를 보인다. 오른쪽 아래의 구름과 같은 것은 그 모습에서 타란툴라(독거미)성운으로 알려져 있다.

퀴크의 3원색

적   청   녹

반쿼크의 3원색

반적   반청   반녹

백색이 된 중간자

적   청   녹

반적   반청   반녹

백색이 된 핵자

적   반적

청   녹   반청   반녹

머리말

　이 책은 필자가 처음으로 출판하는 책이며, 아마 마지막이 될 것이다. 소아마비 후유증 탓도 있고 극단적으로 원고 쓰기를 싫어하는 필자가 이 책을 만들 생각을 한 것은 일본에서 관측 방법을 확립함으로써 이 2년 만에 탄생한 중성미자 천체물리학이라는 새로운 기초과학 분야에 대해 특히 젊은이들에게 얘기하고 싶은 마음이 강했기 때문이다.

　중성미자 천체물리학은 지금까지의 전자기파에 의한 천체물리학과는 달리 천체 속을 투시하여 그 속에서 어떤 일이 일어나고 있는가를 조사하는 학문이다.

　이런 일을 할 수 있는 것은 한 번 만들어진 중성미자는 물질과의 상호 작용이 아주 적기 때문에 대량의 물질을 어려움 없이 뚫고 나와서 지구까지 도달하기 때문이다.

　그러나 이 멋진 성질은 뒤집어 보면 검출하는 것이 아주 어렵다는 것을 뜻한다. 그래서 중성미자의 실험은 수백 톤에서 천 톤 이상의 검출 물질을 검출해도 입사하는 중성미자의 극히 소량을 검출할 수 있을 뿐이다.

　또한 천체로부터 중성미자를 검출할 때 도래 방향, 도래 시작, 에너지 분포도 알 수 있는 형식으로 검출하지 않으면 중성미자 천체물리학은 성립하지 않는다. 앞에서 얘기한 일본에서 확립되었다는 것은 이런 의미에서다.

예를 들면, 태양의 중심 가까이에서 일어나고 있다고 생각되는 핵융합 반응을 그때 방출되는 중성미자를 통해 볼 수 있다. 또 별의 임종이라고도 할 수 있는 초신성 폭발의 시작을 그때 방출되는 대량의 중성미자를 통해 관측할 수도 있었다.

이 책에서는 중성미자가 포함되는 소립자와 우주와의 관련을 될 수 있는 대로 쉽게 설명하려는 의도로 쓰기 시작했는데, 그것이 어느 정도 달성되었는지 마음이 쓰인다.

또 이 책이 완성된 것은 고단샤 과학도서 출판부의 오에 씨의 열성적인 권유와 도움 덕분이다. 감사하다.

1989년 8월

고시바 마사토시

小紫昌後

차례

1장

물리학과 만남

물리학과 만남

먼저 필자가 어떻게 물리학과 일생 동안 인연을 맺게 되었는지를 간단히 소개한다.

중학교 시절

초등학교 시절 필자는 이른바 보통 아이였고 노는 것을 좋아했다. 아버지가 군인이었기 때문에, 나도 중학교 1학년 때 유년학교(幼年學校)에 지원하여 군인이 되는 것이 계획이었다. 그런데 중학교 1학년 10월 말, 그 무렵에 유행한 소아마비라는 병에 걸려 걷지도 못하고 손도 대롱대롱하게 되어 결국 유년학교를 단념했다.

중학교 담임 선생님은 내가 좋아하는 가네코 수학 선생님이었다. 지금도 건재하신데, 이 선생님께서 내가 반년 가까이 입원하고 있을 때, 그 당시 막 출판된 아인슈타인과 인펠트가 지은 『물리학은 어떻게 창조되었는가』라는 책을 선물해 주셨다. 그 책은 상대성 이론, 특히 특수 상대성 이론뿐 아니라 일반 상대성 이론에 대해서도 언급한 어려운 책인데, 일단은 일반 사람도 이해할 수 있게 한다는 취지로 쓰여 있었다. 중학교 1학년인 나로서는 내용을 잘 이해할 수는 없었지만, 과연 이런 학문도 있구나 하면서 아주 인상에 남았다.

중학교 때는 수학을 좋아했다. 중학교에서 고등학교를 지원할 때에 일고(一高: 제1고등학교)를 지원하여 낙방하고, 1년 후에 재수하여 입학한 것이 제2차 세계대전 종전 반년 전으로 곧 기숙사에 들어갔다.

제1고등학교 시절

그 뒤 전후의 기아 시대를 몇 년 동안 보냈는데, 나의 고등학교 시절이란 수업에 나가는 것보다 아르바이트로 돈을 버는 일이 많은 바쁜 시간이었다. 특히 아버지가 중국에서 포로가 되셨으므로 누나와 나는 어머니와 동생들의 생활비를 벌어야 하는 입장이었다.

그 무렵 담임 선생님은 돌아가신 가나자와 선생님이었는데 이 선생님의 보살핌도 많이 받았다. 그분을 비롯한 다른 선생님들이 물리 과정을 가르치셨고 그중에는 역학 연습이 있었다. 나는 역학 연습과 같이 칠판 앞에 나가야 하는 경우에는,

"저는 소아마비여서 팔이 올라가지 않습니다."

라고 하며 게으름을 부렸다. 그 때문인지 이 물리 선생님은 내게 낙제점을 주었으며 담임 선생님은 내게 아주 좋은 점수를 주었다. 양쪽을 평균하여 겨우 낙제를 면했다.

그 당시 나는 기숙사의 부위원장을 맡고 있어서 강의에 나가기보다 기숙사의 자치회 일을 하고 있는 상황이었다. 그러다 보니 입학했을 때의 성적은 그리 나쁘지 않는데, 자꾸 떨어져서 졸업 때의 성적은 190

명 정도 가운데서 꼭 중간쯤이었던 것으로 기억한다.

기숙사의 부위원장을 맡고 있을 무렵 교장 선생님은 아마노라는 철학자로 그 선생님께 신세를 많이 졌다.

대학 입시가 가까워진 어느 날이었다. 기숙사의 목욕탕에 들어갔더니 추워서인지 김이 많이 나서 바로 옆에 있는 사람도 보이지 않았다. 김 저쪽에서 목소리가 들려 왔다.

"그런데 고시바는 대체 어디를 지원할 작정일까요?"

라고 하는데, 이것은 나의 한 급 위의 사람 목소리였다. 그리고 대답하고 있는 사람은 내게 낙제점을 준 물리 선생님으로

"아마 고시바는 저렇게 기숙사 일만 보고 물리는 잘못하니 인도 철학이든 독일 문학이든 어디로 갈지 모르겠지만 물리학 쪽으로 가지 않는 것만은 틀림없겠지."

하는 목소리가 들렸다.

그 말을 듣고 조금 분해서 그 후 7개월 동안 열심히 공부했다. 그 무렵 물리학을 선택하기 위해서는 상위 10% 이내의 성적을 따지 않으면 들어갈 수 없었는데, 열심히 공부하여 가까스로 들어갈 수 있었다.

대학 시절

대학에 들어갔을 무렵 아버지가 중국에서 돌아왔는데, 물론 공직추방(公職追放)이었고, 이는 부양가족이 한 사람 늘어난 것으로, 나의 대학 시절은 1주일에 하루 반 정도는 대학 강의를 들으러 가고 나머지는 전

부 아르바이트를 해서 돈을 버는 형편이었다.

그 때문에 변명으로 들릴지 모르겠지만 대학 성적이 그다지 좋지 않았다. 졸업할 무렵이 되어도 무엇을 하겠다는 뚜렷한 목표가 없었다. 중학교 때는 수학이 장기였다고 생각했으나 수학을 하려면 특별한 재능이 필요하다는 것을 알고 있었으므로, 우선 물리학 이론 쪽으로 갈까 생각하고 있었다. 그 무렵에는 취직자리 구하기가 매우 어려워서 야마우치 선생님께 "선생님의 연구실에 채용해 주십시오."라고 부탁했다.

당시는 성적이 좋은 사람은 모두 장학금을 타거나 특별 연구생이 되어 봉급을 받기도 했는데, 나는 성적이 나빠서 그럴 가망이 없었다.

어느 날 야마우치 선생님이 복도에서

"고시바, 자네는 대학원에 가려면 학비에 대한 대책은 있는가?"

라고 하기에

"없습니다. 아르바이트라도 하면서 해보지요"

"그럼 장학금을 타고 싶은가?"

"탈 수만 있다면 타고 싶지요"

라는 대화가 오갔다. 그리고 그다음 주쯤 해서 복도에서 만났더니

"고시바, 자네 덕분에 망신당했어."

라고 하기에 "왜요?"라고 물었더니

"자네 성적을 모르고 장학생으로 추천했더니 모두가 웃더군."

하고 말씀하셨다.

그런 일이 있고 나서 결국 아르바이트를 계속했다. 그 무렵, 렌즈의

이론 연구를 하고 있던 선생님이 있었는데, 그 선생님이 아르바이트 자리를 내게 알선해 주셨다. 그 선생님께서

"고시바 군, 그 전부터 대학에 남아서 연구를 계속하려면 재산이 없으면 안 된다고 했는데, 자네가 스스로 돈을 벌면서 어디까지 버틸 수 있는지 해보게."

라고 격려해 주었다.

대학 4학년 때, 뭘 해서든지 조금이라도 돈을 벌어야겠다고 생각하고 그 무렵에 생긴 '유카와 장학금'에 응모했다. 이것은 유카와 히데키 선생님의 노벨상 수상을 기념하여 만든 장학금 제도로 그 당시, 1개월에 4천 엔(円), 1년분으로 4만 8천 엔을 주었다. 그것을 타기 위해서는 논문 심사에 통과할 필요가 있었다. 그래서 선배에게 호되게 당하면서 「μ입자의 핵 상호 작용」이라는 논문을 만들었다. 한번은 내가 1주일 동안 계산해서 가지고 갔더니 그 선배가 힐끔 보고 "이것은 틀렸어"라고 하면서 되돌려 주기도 했다. 그러나 어쨌든 완성하여 장학금을 타게 되었는데, 당시는 물리학이 어쩐지 내 적성에 맞는 학문으로 느껴지지 않았다.

대학원 2년 실험과 만남

대학원에 들어갔을 무렵, 선배인 와세다대학 교수 후지모토 씨로부터 "고시바 씨, 함께 원자핵 건판(乾板) 실험을 해보지 않겠소?"라는 권유를 받았다. "그래요, 해 봅시다." 하고 시작한 것이 첫 번째 실험에 발

을 디딘 계기였다. 이때 야마우치 선생님이 당시로써는 거금인 5만 엔 (円)을 내주시며 실험에 참여하려는 제자를 격려해 주신 것은 지금도 고맙게 생각한다.

후지모토 씨와 둘이서 원자핵 건판을 사용한 우주선의 실험을 시작했다. 그러나 역시 본고장에서 배우고 와야 한다고 하여 후지모토 선생은 영국 브리스틀이라는 그 당시 원자핵 건판으로는 메카라고 하는 곳에 갔다. 나는 나대로 로체스터라는 대학에 가서 공부하려고 생각했다. 뉴욕주의 북쪽 온타리오 호수 근처에 있는 로체스터대학은 그 당시 결코 미국에서 물리학의 일류 대학은 아니었던 것 같다.

그러나 로체스터대학 물리학 교실의 주임이던 마르섹이라는 이론 연구가는 아주 수완이 좋은 사람이어서 좋은 학생을 모으기 위해 이를테면 인도에서 유학생을 모집하거나 유카와 선생님께 "일본에도 좋은 학생이 있으면 생활비나 여비를 보조하겠습니다."라고 제의했다. 그래서 일본에서는 보낼 사람을 뽑게 되었다.

도모나가 신이치로 선생님과 만남

그 무렵에 나는 도모나가 신이치로(노벨 물리학상 수상자) 선생님과 친분이 있었다. 그것도 물리학 쪽으로 도모나가 선생님과 친분을 맺게 된 것이 아니라, 앞에서 얘기한 것처럼 제1고등학교를 다닐 때 내가 기숙사의 부위원장을 맡고 있을 무렵의 교장 선생님이 아마노 선생님이었다. 그리고 아마노 선생님은 도모나가 신이치로 선생님의 아버지인 도

그림 1-1 | 1965년 1월, 도모나가 댁에서 찍은 사진. 가운데가 도모나가 신이치로 씨, 앞줄 왼쪽이 저자

모나가 산주로 선생님의 가르침을 받기 위해 교토대학에 갔을 정도였다. 또한 산주로 선생님은 아마노 선생님의 중매를 섰고, 그 아마노 선생님이 도모나가 신이치로 선생님의 중매를 선 사이이다. 그리고 그 훨씬 뒤에 나도 도모나가 선생님이 중매해 주셨고, 선생님의 장녀의 중매를 내가 하는 식으로 아주 친분이 있었다.

"고시바 군, 무슨 과에 입학했는가?"

라고 물으셔서

"물리학과입니다."

라고 대답했다. 그러자

"얼마나 잘하는지 모르겠지만 내가 아는 사람이 물리학을 전공하고 있으니 소개해 주지."

하시면서 소개장을 써주셨다. 그래서 대학에 들어가서 곧, 당시 오쿠보의 광학 연구소 구내에 살고 있던 도모나가 선생님께 소개장을 가지고 인사하러 갔다.

그리고 로체스터에 응모할 즈음에 도모나가 선생님께 "추천장을 써주십시오."라고 말씀드렸더니 "자네가 이렇게 써주었으면 하는 내용을 영어로 써서 가지고 오게"라고 하셨다.

그 추천장에는 대학의 성적표를 첨부해야 했으므로, 나는 처음으로 이학부의 사무처에 가서 성적을 확인했다. 그래서 '우 · 양 · 가'라는 것을 어떻게 영어로 고치는지 퍽 고심했는데 아무리 생각해도 그다지 좋은 성적이 아니었다. 별수 없이 나는 고심 끝에 이 사람은 성적은 그리 좋지 않지만 그래도 멍청이는 아니라는 내용의 영문 편지를 만들어서 도모나가 선생님께 가지고 갔다.

그러자 선생님은 빙긋 웃으며 "좋아, 사인하지"라고 하면서 서명해 주셨다. 그래서 로체스터로 갈 수 있게 되었다. 1953년의 일이었다.

미국에서 학위를 받다

로체스터로 갔더니 그 당시는 1달러=360엔(円) 시대였는데, 월 120달러를 보조해 주었다. 그 금액을 당시의 엔화로 환산해 보니 도쿄대학

교수의 수입보다 많았다. 이것은 굉장한 일이라고 생각했으나 물가가 다르기 때문에 역시 빠듯한 생활이었다. 박사 학위를 따기만 하면 월수(月收)가 최저 400달러라는 얘기를 듣고 한시라도 빨리 학위를 따야겠다고 생각했다. 그 이후로는 학위를 따기 위해 정신없이 공부했다.

8월에 도착하니 9월에 교수 5명에 의한 구두시험이 있었다. 이 구두시험 결과에 따라 무엇이 부족하니 어떤 강의를 들어야 한다는 것이 결정된다. 다행히도 나는 실험 과정만 받으면 된다고 판정받았다.

그런데 그쪽에서 학위를 받으려면 먼저 학위 논문에 착수해도 된다는 자격을 따야 한다. 그것을 위한 시험은 1주일 동안 계속된다. 또한 그 시험을 치르기 전에 외국어를 두 가지 따야 한다. 그런데 그 당시는 —지금은 어떻게 되어 있는지 모르겠지만— 일본어는 외국어로 인정해 주지 않았다. 물론 영어도 외국어로 인정하지 않는다. 그러니 일본어와 영어 이외에 두 가지 외국어 시험에 통과해야 한다.

이런 절차에는 질렸지만, 결국 로체스터에 도착하고 나서 1년 8개월 만에 「우주선 속의 초고에너지 현상」이라는 논문으로 학위를 받았다. 이것은 지금까지도 로체스터대학에서의 최단 기록으로 되어 있을 것이다. 그러나 이것은 최저 월수 400달러라는 매력 때문에 버틴 것이다. 학위를 따고 '그럼 취직을 해야지' 하고 생각하고 있는데, 시카고대학의 샤인이라는 우주선 연구의 책임자로부터 자신이 있는 곳으로 오라는 권유를 받았다. 1955년 7월부터 시카고대학으로 옮겨 3년 가까이 샤인 교수 밑에서 연구원으로 있었다.

그러자 그 무렵 도쿄대학에 원자핵 연구소가 생겨 조교수로 돌아오지 않겠는가 하는 얘기가 나왔다. 슬슬 고향 생각이 나기 시작했으므로 귀국했다.

우주의 원소 조성을 엿보다

일본에 돌아오기 전에 시카고에서 논문을 하나 썼다. 그 논문에서 걸리는 부분이 있다고 생각하여 우주선은 어떤 원소 조성으로 되어 있는가를 조사하는 실험을 하게 된 것이다.

마침, 그 조금 전에 우주의 원소 존재비는 어떻게 되어 있는가 하는 결과가 나왔다. 그것과 비교해 보니 우주선의 조성은 거기에서 말하는 우주의 원소 조성과 다른 곳이 두 군데쯤 뚜렷이 나타났다. 대체 이것은 무엇인가 하고 연구하게 되었다. 차이점은 우주선 쪽이 무거운 원소가 많았다.

나는 뭔가 모르는 것이 있으면 언제나 그 방면의 전문가에게 가르침을 받으러 간다. 당시 시카고대학에는 나중에 노벨상을 받은 인도 사람인 찬드라세카르라는 천체물리학의 연구자가 있었다. 그래서 그 선생님에게 가르침을 받으러 갔다.

"실은 이런 원소의 존재비가 우주의 보통 평균 상태와 다른데…."

라고 물었더니, 그때 처음으로 찬드라세카르 선생님으로부터 형태가 다른 별은 원소 조성이 다르고, 무거운 원소가 많은 것은 젊은 형의 별에서 볼 수 있다는 것을 배웠다.

그러고 나서 별에 대한 공부를 조금 했다. 그때의 실험 논문의 결론은 어떤 원소가 평균과 이렇게 어긋나고 있다는 사실로부터 우주선이 발생한 천체를 예측했다. 몇 가지든 가능성의 두 번째에 초신성(超新星)을 넣어 두었다. 일본에 돌아오니 초신성이 우주선을 가속하고 있는 것이 아닌가 하는 것을 히야카와 선생님도 이론적으로 추구하고 있었다. 이 초신성이 나의 현역의 피날레를 축하해 주리라는 것은 생각지도 못했다.

다시 시카고대학으로

원자핵 연구소는 임기 5년이었는데, 돌아와서 1년쯤 지나자 시카고대학의 샤인 교수로부터 편지가 왔다.

「이번에 20개국 정도가 참가하는 큰 국제 공동 연구를 하기로 했습니다. 여기에 일본도 참가할 생각이 있는지, 있다면 일본의 대표로서 당신이 다시 시카고로 오지 않겠습니까?」

라는 권유가 있었다. 그렇게 해서 원자핵 연구소에서 출장이라는 형식으로 시카고로 가게 되었다. 그러자, 다시 몇 년이나 혼자서 외국 생활을 견딜 수 없을 것 같다는 생각이 들었다. 결국 결혼을 하고 부부가 함께 시카고로 갔다.

그런데 그쪽에 도착하고 3개월도 안 되어 큰 국제 공동 연구에 차질이 생겼다. 항공모함까지 동원하여 풍선을 올렸는데, 원자핵 건판의 블록을 잘 노출시키지 못했다. 더욱이 1월의 추운 어느 날에 이제 50살을 막 넘긴 샤인 교수가 스케이트를 타다가 심장마비를 일으켜 사망했다.

그림 1-2 | 원자핵 건판을 실은 큰 풍선을 떠올리기 직전(캘리포니아 남부, 1961년 11월)

시카고대학은 큰 책임을 짊어진 채 책임자가 급사했기 때문에 당황했다.

마침 그때, 원자핵 건판 쪽에서 세계적 권위자인 이탈리아의 오카리니가 미국의 MIT에 객원 교수로 1년 동안 와 있었다. 시카고대학은 곧 오카리니 교수를 불러 상담했다. 오카리니는 이 정도의 큰 계획을 중도에서 그만두는 것은 국제적 의의로 보나 학문적인 의의로 보나 좋지 않으니 속행해야 한다고 주장했다.

그러면 속행하는 데 있어서 누구를 책임자로 삼아 진행해야 하는가하는 데 이르렀다. 결국 요카리니 교수가 샤인 그룹의 물리학자를 한 사람씩 면접을 본 결과 내가 후임 책임자가 되었다. 그다음부터 다 써 버린 예산을 교섭하기 위해 워싱턴까지 가는 등 여러 가지 일이 있었다. 결국 1961년 11월 요행히 우주선을 노출시킬 수 있었다.

나의 체재로 연구를 진행한지 2년이 지났다. 언제까지 원자핵 연구소를 비워둘 수 없으므로, 나는 원자핵 연구소로 돌아가든가 미국에 영주하든가 결정해야 할 사정에 처했다.

그 무렵, 나는 상당히 많은 봉급을 받았다. 대우도 좋았다. 젊었지만 미국에서 준장에 상당하는 지위를 가지고 있었다. 해군의 항공모함이나 비행기로 건판을 뒤쫓아야 하기 때문이기도 했다.

그때 내가 일본에 돌아간다고 했더니 친구들이 여러 가지로 사정을 물어왔다. '당신은 높은 연봉을 받고 있는데, 왜 연봉이 20분의 1밖에 안 되는 일본으로 돌아가는가.', '미국이 싫은 이유라도 있는가.' 등 여러 가지를 물었다. 결국 나중에 생각해 보니 나는 일본 밥이 아니면 안 되었던 것이다.

다른 하나는 영어였다. 일단 영어로 다툴 수도 있고 농담을 해서 사람을 웃기는 일도 태연하게 할 수 있게 되었으나 24시간 영어를 해야 한다는 것이 역시 싫었다.

또 하나 생각한 것은 젊어서 물리학을 남에게 지지 않을 정도로 연구하고 있는 동안은 말이 부족한 것쯤은 마음 쓸 필요가 없지만, 어느 연령에 이르면 인사라든가 회의라든가 하는 잡무도 늘어난다. 그렇게 되면 아무래도 언어의 뉘앙스라든가 아주 미묘한 언어의 표현이 문제가 된다. 이런 것을 생각하니 역시 일본으로 돌아가기로 마음먹게 되었다.

임기 5년이 슬슬 다가왔을 때, 시카고대학 쪽에서 그때까지 수고했다고 노출한 원자핵 건판의 5분의 1을 주었다. 그것을 가지고 돌아왔는데, 그것을 어떻게 해석하는가 하는 문제로 일본의 권위자들과 크게 다투게 되었다.

그래서 '이제는 이런 곳에서 떠나야지'라고 생각했는데, 마침 그때 혼고에 있는 대학의 물리학 교실에서 조교수를 공모하고 있었으므로 거기에 자기 추천으로 응모했다. '혼고에서 채용해 주지 않으면 미국으로 돌아가자'라고 생각했다. 나중에 들었더니 여러 가지 논의가 있었던 것 같은데 어쨌든 혼고에서 채용해 주었다.

혼고에서의 교수 생활

혼고에 가서는 실제로 대학원생, 자기 학생을 데리고 연구실을 만들게 되었다. 미국에서는 당시의 돈으로 10만 달러의 연구 계획을 세웠는데 일본에 돌아왔더니 자릿수가 다르게 연구비가 책정되었다. 하다 못해 미국의 10% 정도의 연구비를 사용하지 않으면 세계와 겨룰 수 없다. 그러려면 조금씩 실적을 올려 연구비를 늘려갈 수밖에 없다. 당초의 목표는 3년마다 10배로 해가려고 생각했는데, 최종적으로는 4년 만에 10배 정도의 비율로 늘려갔다. 그래도 나는 그런 면에서는 비교적 행운이었다고 하겠다.

부임하자 곧 우주선의 대학원 강의를 맡았다. 첫 강의에서 처음에

긴 칠판의 제일 오른쪽 끝에 '우주'라고 쓰고 가운데를 쭉 공백으로 두고 맨 왼쪽 끝에 '소립자'라고 썼다. 이 둘 사이를 어떻게든 연결하는 것이 내 소원이라고 또, 그 사이를 연결하는 것이 중성미자일지도 모르겠다고 이른바 엄포를 놓았다. 그때 학생의 몇 명은 교수가 되었는데 그때의 일을 아직도 기억하고 있다고 한다.

'팀워크'와 '팀'

결국 소립자의 실험은 지금은 몇백 명이라는 물리학도가 하나의 팀을 만들어 수십~수백억의 돈을 들여 하나의 실험을 하는 시대가 되었다. 그렇게 되면 한 사람만 유능해서는 안 되며 전체가 유능한 팀으로 인정받지 않으면, 큰 국제 공동 실험에 발언권이 없다.

팀이 세계 일류라고 인정받기 위해서는 과거의 실적이 문제가 된다. 실적이 없으면 좋은 가속기의 실험에 끼지 못한다. 이것은 닭과 달걀 같은 것으로 실적이 없는 데서 1급 팀을 만들려고 하면 여간 어렵지 않다. 그 때문에 남이 잘 알아차리지 못하는, 이를테면 빠뜨린 것에서 중요한 곳, 10년 후에는 가치가 나타날 주를 찾을 수 있는 눈이 필요하다고 생각한다.

내가 혼고에 가서 곧 생각한 것은 원자핵 건판의 연구는 조촐하게 하고 있으면 앞으로 10년 정도는 그 분야에서 일류의 수준을 유지하겠지만, 그 뒤는 어떻게 될까 하는 것이었다. 그것과 또 하나는 실험하는 학생에게 이미 노출하여 현상한 원자핵 건판을 현미경으로 들여다보고 해석하는 훈련만 해서 과연 좋은 연구직으로 내보낼 수 있는가 하는 문제이다.

그래서 카운터의 실험을 하기로 했다. 처음에 다루게 된 것은 지하에서 우주선 뮤(μ)입자가 다발로 되어 들어오는 현상, 이것을 본격적으로 조사하기 위해 당시 미쓰이 금속의 사장을 소개받았다. 그 사장의 전면적인 협력을 얻어 우주선의 μ입자 다발을 지하에서 측정하는 실험을 가미오카 광산에서 했다. 이것이 가미오카 광산과의 최초의 인연이었다. 이 실험에서 박사 학위를 받은 사람들[도쿄대학 도쓰카 교수, 고베대학 수다 교수]이 현재 지하 실험의 지도자로서 활약하고 있다.

전자 - 양전자 충돌을 주요 테마로

이 연구를 하고 있을 때 소련 우주선 학자의 소개로 브도켈이라는 유명한 사람이 모스크바 회의 때 내게 접근해 왔다. 그 당시 브도켈은 시베리아의 노보시비르스크라는 곳에서 전자 · 양전자 충돌의 가속기를 만들고 있었다.

"실은 내가 있는 곳에서 지금 이런 장치를 만들고 있습니다. 당신 그룹과 공동으로 그것을 사용할 실험을 하고 싶은데 어떻습니까?"

라는 제안이 있었다.

나는 전자와 양전자를 충돌시키는 실험이 소립자에 어떤 장래성을 가질까를 생각한 뒤 이것은 진지하게 생각해도 되는 문제라고 판단했다. 귀국해서 곧 가야 선생님께 상담했더니 "그럼 각 분야의 전문가들에게 권유하여 한 번 현지를 보고 오면 어떻겠는가?"라고 하셨다. 가야 선생님이 미쓰비시 재단으로부터 돈을 받아 계산기의 고토 씨, 입자 검출기를 연구하고 있던 나고야대학의 후쿠이 선생님, 그리고 가속기의 고바야시 선생님 세 사람께 권유하여 시베리아로 갔다. 실제로 보니 이것은 상당히 새로운 분야가 개척될 것처럼 보였다.

그래서 전자-양전자 충돌 실험을 통한 소립자 연구를 혼고의 나의 연구실 주요 테마로 정했다. 그 때문에 이런 예산 요구를 하고 싶다는 뜻을 물리학 교실의 회의에 제출했더니 그 무렵의 높은 선생님들은 거의 전원이 반대했다.

그때는 유카와 선생님의 뒤를 이어 도모나가 선생님이 파인먼, 슈윙거와 함께 양자 전기 역학으로 노벨상을 수상한 시기였다. 많은 교수들은 이제 와서 전자와 양전자를 충돌시켜도 양자 전기 역학의 올바름을 재검증하는 것이 뻔하고, 설사 그것으로 강한 상호 작용을 하는 입자에 대해 근사해도 대단한 것은 알 수 없다는 식으로 반대했다.

결국, 그때 응원을 해준 분은 니시지마라는 이론을 연구하는 선생님이었다. 그 선생님은 이론을 깊이 연구하고 있었으며 겸허한 분이었다. 겸허하지 않은 이론 연구가는 자기가 뭐든지 알고 있다고 생각하지만 니시지마 선생님은 '해보지 않으면 모르는 점이 있다'라는 입장으로 응원해 주셨는데 그것을 예산화하여 준비를 시작할 수 있었다. 그런데 얼마 후 그쪽 책임자인 브도켈이라는 사람이 심장 발작을 일으켜 병이 나서 계획이 좌절되고 말았다.

그러나 모처럼 준비했으니 다른 곳에서 소립자의 국제 공동 실험을 하려고 니시지마 선생님과 둘이서 먼저, 이탈리아의 프라스카티라는 곳에 있는 전자·양전자 충돌 장치를 보러 갔다. 그런데 거기서는 에너지적으로도 할 수 있는 연구가 일단 끝난 상황이었다.

그다음에 CERN(세른)으로 갔다. CERN은 그 무렵, 양성자·양성자의 충돌 실험을 하고 있었다. 그것을 보고 끝으로 함부르크에 있는 독일의 국립 연구소(DESY)로 갔다.

다행히도 내가 시카고에서 국제 공동 연구의 책임자로 있을 때 연구원으로 와 있던 독일 사람이 그 국립 연구소의 중요한 자리에 있었다. 시카고에 있던 시절, 그는 진지하고 유능했기 때문에 될 수 있는 대로 봉급도 올려 주었고 아주 친하게 지냈다. 세상은 언제 그런 행운이 돌아올지 모른다.

그는 퍽 친절하게 대해 주었다. 그에 의하면 그때 만들고 있는 에너지가 높은 전자·양전자 충돌 장치를 사용하는 실험은 두 가지가 준비되어 있는데, 하나는 거의 설계도 결정되어 있어 새로 한다면 설계의 초기 단계부터 시작하는 것이 좋겠다고 해서 결국 다른 쪽의 실험에 참가하게 되었다. 그로 인해 나의 조수들이나 대학원생이 독일의 국립 연구소로 가게 되었다.

거기에서 실적을 올린 덕분에 같은 연구소에서 더 규모가 큰 전자·양전자 충돌 장치를 사용하는 실험을 할 때는, 우리 그룹이 주체가 되어 이런 장치를 만들어 무엇을 목표로 하자는 제안을 할 수 있게 되었다. 독일에서의 실험도 순조롭게 진척되어 꽤 여러 가지 흥미 있는 결과가 나왔다.

CERN에서

이번에는 더 큰 전자-양전자 충돌 장치를 유럽 공동 연구소(CERN)에서 만들 때, 그를 위한 실험을 공모했다. 하이델베르크대학이나 몇 곳의 연구소 그룹과 함께 OPAL이라는 실험을 제안하여 경쟁에 이겨 인정받았다. 그것이 1989년 8월 말에 데이터를 수집하기 시작한

그림 1-3 | 독일 함부르크에서의 국제 공동 실험 JADE 검출기. 이 장치로 전자·양전자 충돌 때 쿼크와 반쿼크가 쌍으로 발생하는 것 외에 글루온을 발생하는 것도 확인되었다

CERN에서의 실험이며, 내가 혼고에 있던 시기의 연구실의 메인 프로젝트였다.

젊은이들에게 실험의 즐거움을

대학원의 학기도 끝나 가서 이제 학위 논문만 쓰면 되는 단계가 된 대학원생은 기초적인 훈련도 되어 있어서 외국에서의 협동 실험에 참가해도 될 만큼 충분히 유능한 실력을 가지고 있다. 따라서 공동 연구자로서 독일이나 제네바에 보내도 되는데, 이른바 석사 시대라 학부 학생은 그럴 수 없었다. 만일 가게 되더라도 이 사람들을 지도하기 위해서 누군가 다른 사람의 시간을 빼앗게 된다.

역시 실험가를 양성하는 데는 더 젊을 때부터 '과연 실험이란 즐거운 것이다, 보람 있는 것이다'라는 느낌을 주지 않으면 학생들은 따라오지 않는다.

스스로 실험을 통해 물리학의 결론을 내는 즐거움을 알려 주지 않으면 안 되는 것이다. 나는 혼고로 간 지 얼마 되지 않은 무렵에 물리학 교실의 회의에서, 물리학은 실험이 중요하므로 막 입학한 학생에게 실험의 즐거움을 맛보게 하자는 제안을 했다.

"여름 방학에 희망자는 이런 실험을 할 수 있다. 다만 이것은 학점이 전혀 없다. 그것을 각오한다면 하고 싶은 실험을 할 수 있다."

그래서 여름 방학 희망 실험이라는 제도를 만들었다. 그것이 내가 혼고에 있는 동안 한 일 중에서 가장 좋은 일이었다고 생각한다. 이 제

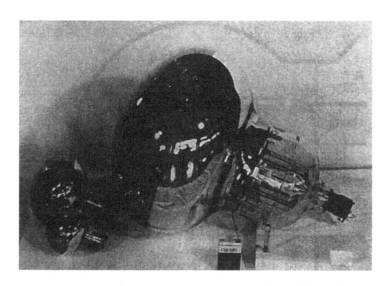

그림 1-4 | 하마마츠 포토닉스에 의해 개발된 세계 최대의 광전자 증배관(지름 20인치). 왼쪽 앞의 지름 5인치짜리는 미국의 지하 실험에서 사용된 것. 그 후 그들도 왼쪽 뒤의 지름 8인치의 증배관과 바꾸었다

도를 여름 방학에 실시했는데, 실험이라는 것은 정말 보람이 있다고 생각해서 실험 연구실을 지망한 학생이 매년 몇 사람 나왔으니 이것은 성공했다고 볼 수 있겠다.

이것과 마찬가지로 대학원의 석사 2년과 박사의 처음 1, 2년에 어떻게 하면 본격적인 실험을 맛보게 할 수 있을까 하고 여러 가지로 생각한 끝에 가속기가 없어도 할 수 있는 소립자 실험을 통해 양성자 붕괴 실험을 하려고 가미오카에 다시 지하 실험 장치를 만들었다.

가미오카의 실험은, 처음에는 그 해에 들어온 아리사카라는 대학원생(현재 UCLA 교수)과 둘이서 시작했다. 목표로 하는 정도가 좋은 데이터를 정말 얻을 수 있을까 하고 여러 가지 시뮬레이션을 해본 결과, 아무래도 대형의 광전자 증배관을 개발해야 한다는 결론을 얻었다. 그래서 하마마츠 포토닉스라는 회사의 사장과 미팅을 하는 등 여러 가지 일이 있었는데, 어쨌든 가미오카의 실험 덕분에 대학원에 갓 들어온 학생이나 학부의 학생이라도 직접 실험에 참가할 수 있게 되어 좋았다고 생각한다.

가미오카 지하 실험

가미오카의 실험을 생각해 낸 것이 1978년 말인데, 그것을 생각하게 된 배경에 대해서 조금 이야기하고자 한다. 이론 물리학자 중에서 좋은 이론가일수록 앞을 내다본다.

그러면 전자기적인 힘과 거기에서 원자핵의 베타 붕괴를 일으키는 약한 힘, 그 두 가지 다른 힘을 하나로 통일하는 이론이 잘 되면 남아 있는 자연계의 힘 가운데서 원자핵을 하나로 결합하고 있는 강한 힘도 하나로 묶을 수 없을까 하는 식으로 생각이 진전된다.

그것을 가능하게 하는 몇 가지 이론이 제안되었는데, 그중 여러 사람에게 가장 큰 영향을 준 것은 노벨상을 받은 글래쇼의 이론이다. 그것에 의하면 양성자의 붕괴 수명은 실험해 보면 될 것 같다는 느낌이 들었다.

그래서 당시 쓰쿠바의 고에너지 연구소의 이론 주임을 맡고 있던 스가와라 교수는 양성자의 붕괴 수명을 연구하는 워크숍을 하자고 제안했다. 그런데 이론가만으로는 그런 일을 의논해도 별수 없다고 스가와라 씨는 생각한 것 같다. 그는 내게 양성자 붕괴의 실험 가능성을 검토하여, 만일 이렇게 하면 될 것 같은 안이 있으면 제안해 달라고 전화를 했다. 그것이 1975년 12월 초였다고 생각한다.

　내가 곧 생각해 낸 것은 전에 시카고에 있었을 무렵, 우리 집에 자주 와서 한잔하면서 여러 가지 얘기를 하던 오카리니라는 선생님과 주고받은 내용이었다.

　앞에서 이야기했던 샤인 선생님이 한 개의 큰 원자핵 건판을 노출하지 않은 채 남겨 놓았다. 정부에서 예산을 얻어 오기 전까지 그 건판을 어떻게 보존할까 하는 것이 문제가 되었다. 원자핵 건판은 우주선이 마구 튀어 들어와 검게 되므로, 그것을 우주선이 잘 오지 않는 곳에 간수해야 한다.

　결국 클리블랜드 교외에 암염을 채굴하고 있는 구멍이 있다고 해서, 거기에 그 원자핵 건판을 보관하기로 했다. 만약을 위해 가이거 카운터로 지하 장소를 조사했더니 소형 가이거 카운터 장치로는 검출할 수 없을 만큼 방사능도 우주선도 약했다.

　그때 오카리니와 얘기한 것은 그 암염 갱은 어둡고 하니 거기에 물을 주입하면 포화 식염수의 못이 생길 것이다. 포화 식염수라면 말류 같은 것은 발생하지 않으므로 깨끗하게 둘 수 있고 그 캄캄한 곳에 광전자 증배관을 아래쪽으로만 향하게 해서 아래에서 오는 빛만 포착한다면 대체 어떤 것을 볼 수 있을까. 그런 얘기를 했다. 나는 그런 꿈같은 이야기를 좋아했고, 여러 사람과 엉뚱한 일을 의논했다. 그 시점에서는 아무리 검토해도 광전자 증배관 자체가 작은 광전면을 가지고 있고 1개의 값이 비싸서 그것을 몇만 개 사용한다는 것은 도저히 실행 불가능한 얘기였다. 그때는 이 계획을 내가 자주 말하는 연구 테마의 '달걀' 중 하나로 품고 있기로 했다.

스가와라 씨로부터 얘기가 나왔을 때 이 이야기가 탁 떠올랐다. 필요한 양성자 수는 이 정도 준비해야 하기 때문에 가장 싼 물을 사용하여, 대략 네트 1000톤 정도는 필요하다. 1000톤의 물질 중 어디에서 양성자 붕괴가 일어나도 틀림없이 포착하는 데는 깨끗한 물이 가장 좋다. 그러면 물속에서 일어난 반응을 어떻게 검출하여 그것을 확인하는가. 체렌코프 광이라는 것은 방향성을 가지고 있으므로, 어떤 한 점에서 2개의 입자가 역방향으로 나아가서 각각 체렌코프 광을 내면 그것은 양성자 붕괴가 틀림없을 것이다. 에너지도 정확하게 측정할 수 있게 해놓으면 된다고 생각했다.

그 무렵, 미국에서도 같은 테마로 연구회가 생겼다. 미국에서도 역시 물을 사용하여 체렌코프 광을 포착하려는 제안이 있었다는 뉴스가 1월에 전해졌다.

같은 성능의 것을 일본에서 만들어도 별수가 없다. 그쪽보다 훨씬 좋은 데이터가 나올 수 있는 것이 아니면 의미가 없다. 어차피 연구비

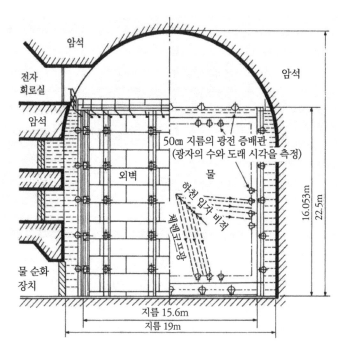

그림 1-5 | 가미오카 광산의 지하 1,000m에 설치되어 있는 카미오칸데 장치

는 미국의 연구비보다 많을 리 없으니 10분의 7까지는 안 되어도 아마 일본 쪽이 적을 것이다. 그런 조건 아래에서 상대를 앞지르려면 어떻게 하면 될까 하고 생각해 낸 것이 그 큰 광전자 증배관으로 싸게 또한 정도를 올리는 것이었다.

정년 직전에 예의 초신성이라는 것이 폭발했기 때문에, '아- 고시바가 그런 것을 연구하고 있었는가?' 하고 알아주는 사람이 제법 늘었다.

그림 1-6 │ 지하 1000m에 설치된 용량 3000톤의 물탱크 내에 1000개의 거대 광전자 증배관을 설치 완료하고 물도 가득 채웠다. 며칠 후에 데이터를 측정하기 시작했다 (1983년 7월호)

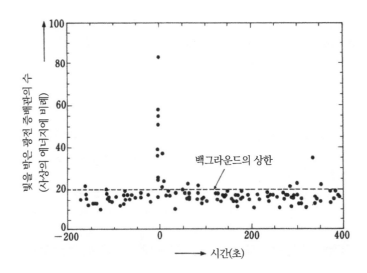

그림 1-7 │ 초신성 폭발의 중성미자 신호(1987년 2월 23일)

초신성에서 온 중성미자

여러분은 그다지 잘 알지 못할지도 모르겠지만, 가미오카에서 이런 실험 장치를 만들고 싶으니 이만큼의 돈을 내주십사 하고 문부성(文部省)의 특별 추진 과제를 제안할 때 양성자 붕괴를 이만큼의 정도로 이만큼의 수명까지는 정확하게 조사할 수 있다는 것 외에, 만일 초신성이 우리의 은하계 내에서 일어나면, 그때 방출되는 중성미자를 충분히 관찰할 수 있다고 하는 것도 끼워 넣었다.

왜 은하계 내는 괜찮은가 하면, 대체로 이들 중성미자가 물속에 튕겨내는 전자를 1,200만eV까지는 말끔히 관측할 수 있을 것이라고 시뮬레이션을 통해 알고 있었기 때문이다.

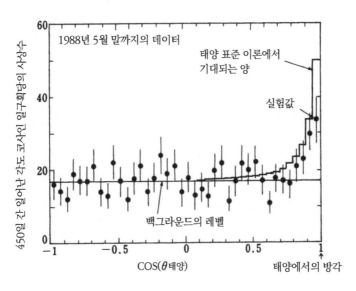

그림 1-8 │ 태양 중성미자의 관측 결과

그러나 그 정도의 에너지로 어느 정도 있는가 하는 것은 해보지 않으면 짐작도 가지 않는다. 그러나 상정할 수 있는 배경으로부터 생각해도 아주 짧은 시간 동안에 2~300개의 사상이 집중적으로 일어나면 틀림없이 신호일 것이다. 은하계 내에서 초신성이 생기면 2~300개는 반드시 올 것이다. 실제로 생긴 것은 이웃 성운(대마젤란성운) 쪽이었으므로 관측된 사상수는 11개였다.

태양에서 온 중성미자

태양 중성미자가 이 장치로 관측될 것 같다는 것은 데이터를 채취하기 시작하고 나서 3개월쯤 지난 뒤에 겨우 알아차렸다. 그런데 일본에서는 한 번 이런 일을 한다고 해서 비품 등의 연구비가 일단 나오면, 그 뒤에 발견하는 이런 흥미 있는 연구를 위해 추가 예산을 희망해도 여간해서는 통과되지 않는다.

할 수 없이 나는 미국의 국제학회에 나가서 누가 미국에서 이런 일을 함께할 사람이 없을까 모집했다. 펜실베이니아대학의 그룹이 필요한 장치와 어느 정도의 연구비를 가지고 참가했다.

나의 정년(1987년 3월 말) 뒤를 인계받은 가미오카 실험의 젊은이들이 잘 해내서 태양에서 온 중성미자를 시간, 방향, 에너지 분포 모두에 걸쳐 측정하는 방법으로 관측한 결과가 바로 최근에 발표되었다. 아주 기쁜 일이다.

지금부터의 나

정년퇴직했을 때, 나는 마지막으로 내가 지휘하고 있던 몇 가지 연구 계획을 모두 제자들에게 물려주었다. CERN의 큰 전자-양전자 실험은 세끼도 교수에게, 가미오카 실험은 도쓰카 교수에게 인계하고 나는 깨끗하게 한가한 신분이 되어 유럽으로 갔다.

유럽에 가서, 그럼 나는 지금부터 무엇을 할까 생각했다. 그래서 생각한 것이 호수를 사용하는 실험이다. 그랬더니 고맙게도 흥미를 보이는 물리학자가 유럽에도 많았다. 이탈리아에서 그 호수 실험을 하자고 해서 지금 검토가 진행되고 있다. 또 하나는 역시 호수형의 실험을 미국에서 하는 계획도 지금 진행하고 있다.

이탈리아나 미국에서 실험할 때 장점은 고에너지의 가속기를 이용할 수 있다는 것이다. 충분한 정도를 가지고 있고, 더욱이 거대한 검출기가 가능하다면 지금 소립자의 중요한 문제인 '중성미자가 정말 다른 종류로 전환될 수 있는가' 하는 문제를 실험적으로 확인할 수 있다. 그것을 연구하기 위해서는 하늘에서 내리쏟아지는 중성미자뿐만 아니라 가속기로부터 중성미자 빔을 충돌해서 실험할 필요가 있다.

그런데 유감스럽게도 일본에는 필요한 에너지의 중성미자를 만들 만한 고에너지 가속기가 없다. 쓰쿠바의 양성자 가속기로는 에너지가 부족하다. 따라서 한다고 하면 CERN의 양성자 가속기를 사용하거나 미국의 FNAL(페르미 국립 가속기 연구소)의 가속기를 사용해야 한다. 두 가지 가능성을 진행하고 있다.

사실은 중성미자 천문학을 탄생시킨 나라인 일본에서 하고 싶은 마음이 강하다. 지금 가미오카에서 유효하게 사용할 수 있는 것은 1000톤 미만인데, 사실은 100만 톤의 검출기를 만들고 싶다. 그러기 위해서는 먼저 1000톤 미만이라는 것을 1자리 이상 올려서 2만 톤 정도로 하고 싶다. 그리고 그다음은 100만 톤 정도를 생각하고 싶다.

나는 100만 톤 정도까지라면 그렇게 엄청난 돈을 들이지 않아도 제대로 된 실험 장치를 만들 수 있다고 생각한다. 그래서 도쿄에 50만 톤의 물통을 만들면 어떨까 하고 제안한 일이 있다.

이런 늙은이가 하는 말에 흥미가 있으니 함께 해보자는 젊은이가 몇 사람 나온 것은 고마운 일이다. 설사 고에너지 가속기에 의한 중성미자 진동의 실험을 하지 못하더라도 천체 중성미자만이라도 충분히 흥미 있으니 일본에서 해보는 것을 생각해 보자는 사람도 있다.

2장

소립자와 힘

2
소립자와 힘

이 장에서는 아마 여러분과 가장 친해지기 어려운 소립자라는 것을 될 수 있는 대로 알기 쉽게 설명하려고 한다.

먼저 첫째로, 물리학이라는 것은 무엇을 목적으로 하는가인데, 물리학의 목적은 일찍이 일컬어진 것처럼 물건이 움직이거나 충돌하거나 모양이 변한다는 것만을 목적으로 하는 것은 아니다. 우리가 살고, 그리고 느끼고 바라보고 있는 모든 자연 현상을 통일적으로 이해하고 싶다는 것이 궁극적인 목표라고 생각한다.

그래서 자연을 통일적으로 바라보자는 흐름은 실은 인간의 지적인 역사를 통해 도처에서 볼 수 있는 일이다. 특히 물리학에서는 1970년 쯤에 급속히 진척되었다. 즉 한편에서는 모든 물질을 구성하는 가장 기초적인 것은 무엇인가를 추구하는 동시에, 다른 한편에서는 자연계에 작용하는 모든 힘을 통일적으로 이해하려는 시도이다.

물질의 기초 입자

'물질의 궁극적인 구조는 어떻게 되어 있는가?' 하는 의문은 멀리 그리스 시대부터 있었다. 그 무렵의 사변적인 '아톰'은 근세에 이르러 실재가 되어 그 '아톰=원자'의 구조는 어떻게 되었는가의 추구가 현대 과학의 개막이 되었다고 할 수 있다.

보다 기초적인 것으로

다종다양한 자연계의 물질은 무엇으로 되어 있는가?

...... 92종 원소의 다양한 조합으로.

이 92종의 원소는 무엇으로 되어 있는가?

...... 각각 고유의 원자로.

원자는 무엇으로 되어 있는가?

...... 원자핵과 전자로.

이 원자핵은 무엇으로 되어 있는가?

...... 양성자, 중성자의 조합으로.

여기까지는 지금 고등학교 물리에서도 배우는 것이다. 이렇게 차례차례 기본적인 구성 요소로 분해하여 대답해 온 인간은, 이 시점에서 이것으로 일단락한다고 생각할 수 있었을 것이다. 천차만별의 자연 물질을 단지 3개의 입자, 즉 양성자·중성자·전자의 적당한 조합으로 만들어 내는 것을 알게 되었으므로, 이런 의미에서 이들은 '소립자'라고 불리는 것이 맞다.

그러면 이들 '소립자'는 무엇으로 되어 있는가? 이 질문에는 조금 생각해야 할 점이 있다. 이것은 당연한 물음인가? 내부 구조를 생각해야 할 이유가 있는가? 이쯤 되면 고등학교 과정에서는 접근하지 않는다.

용어의 설명

지금부터 사용하는 용어를 일단 설명해 둔다. 본문을 읽을 때 더 쉽게 이해할 수 있기를 바란다. 용어의 설명 부분을 권말 부록에 다시 실었다. 잘라내거나 복사를 해서 가까이 두고 본문에 나왔을 경우 사용하면 이해하기 쉬울 것이다.

• **단위** 특별히 단서가 없는 한, 시간은 초, 속도는 광속도를 단위로 측정하기로 한다. 이때 거리의 단위는 빛이 1초 동안에 나아가는 거리, 즉 3×10^{10} ㎝가 된다. 에너지의 단위는 전자볼트인데, 이것은 1볼트의 전위차로 하전 입자를 가속했을 때 얻는 운동 에너지의 증가량이다. 또 아인슈타인의 관계식에 의해 입자의 정지 질량도 같은 전자볼트로 측정된다.

• **운동량** 고등학교에서는 질량×속도라고 배웠을 것이다. 상대성 이론에서는 이 관계식에 의해 일반화되는데, 어쨌든 에너지와 같이 전자볼트로 측정되며 방향을 가진 벡터양이다.

• **각운동량** 양자역학적인 회전량의 단위를 사용하여 나타낸다. 값은 0, 1, 2, …이며 운동량과 같이 방향을 가진 벡터양이다.

• **소립자** 자연계의 기초적 구성 입자라고 생각하고 있는 것으로, 인간의 이해가 진척됨에 따라 무엇을 소립자라고 부르는가가 변했다. 보통은 물질 질량의 대부분을 담당하는 원자핵의 구성 입자, 양성자, 중성자와 양성자의 양전하를 상쇄할 만큼 원자핵의 주위에 존재하는 전자를 말한다. 그러나 현대의 물리학에서는 몇 종류의 쿼크, 전자나 μ 입자, 중성미자 등 실험적으로 유한의 확대나 내부 구조가 검출되어 있지 않은 것을 소립자로 한다. 개개의 소립자는 각각의 내부 양자수에 의해서 분류된다. 소립자의 상태는 파동함수(장소와 시간의 함수)에 의해 기술된다.

• **파동함수** 입자의 종류에 특유한 양자역학적 파동 방정식에 따라서 변화한다. 어떤 공간 좌표와 시간 좌표를 주었을 때 이 함수의 절댓값의 제곱이 이 입자의 그 시간, 장소에 있어서의 존재 확률의 밀도를 준다.

• **양자수** 개개의 소립자를 특징짓는 특유의 양자역학적 물리량으로 질량, 전하, 패리티, 스핀, 이소 스핀, 기묘도, 매력도, 보텀도, 탑도나 컬러(색) 등.

• **페리티**　우기성(偶奇性)이라고도 한다. 공간 좌표를 반전하여 양을 음으로, 음을 양으로 했을 때(예를 들면 거울에 비췄을 때) 파동함수의 부호가 변하지 않을 때는 플러스, 변할 때는 마이너스로 한다. 이 성질은 불변으로서 보존되는 것으로 생각했으나 약한 힘이 작용할 때는 보존되지 않는다는 것이 발견되었다(리와 양의 이론과 우의 실험).

• **스핀**　입자의 내부 자유도를 나타내는 것으로, 쉽게 말하면 입자 고유의 회전을 나타내는 양자수이다. 양자역학적 단위로 0, 1/2, 1, 2/3, 2, …의 값을 취한다. 방향을 가진 양이다.

• **이소 스핀**　원래는 스핀과 동일 종류인데, 하전 상태가 다른 입자(예를 들면 양성자와 중성자, 또는 π^+와 $\pi0$와 π^-)를 개별 지정하기 위하여 생각해 낸 가상적 스핀이다(예를 들면 양성자는 이소 스핀 1/2의 위로 향한 상태이고 중성자는 아래로 향한 상태). 이소 스핀을 넣어야 할 가상공간에서의 회전 불변성 연구가 나중에 양-밀즈의 이론을 거쳐 국소 게이지 장(場) 이론의 큰길을 열게 되었다.

• **기묘도, 매력도, 보텀도, 탑도(플레이버)**　이 양자수는 소립자가 전자기력이나 강한 힘으로 상호 작용할 때 보존되는데, 약한 힘으로 상호 작용할 때는 보존되지 않는 것으로 알려져 있다.

• **컬러(색)** 강한 힘의 원천이 되는 물리량(전하가 전자기력의 원천이 되고 있는 것처럼). 개개의 컬러가 상쇄되어 무색(백색)이 된 상태가 에너지가 낮고, 관측이 될 정도로 안정하게 존재할 수 있다고 생각한다. 한편 단독 쿼크는 무색이 아니므로 가령 만들어졌어도 수명이 아주 짧고 직접 관측되지 않는다고 생각한다.

• **중입자** 원래 양성자, 중성자 외에 기묘도나 매력도를 가진, 양성자보다 무거운 입자류의 총칭이다. 3개의 쿼크로 이루어진다고 생각된다. 스핀은 $1/2$의 홀수 배-양성자 이외에는 불안정하고 붕괴하는 것으로 알려져 있다. 양성자의 안정성을 설명하기 위해 중입자수 보존 법칙이 도입되었다.

• **중간자** 처음에는 π중간자(유카와 입자)와 같이 양성자와 전자의 중간 질량을 갖는 입자를 가리켰는데, 그 후 양성자보다 무거운 중간자도 많이 발견되었다. 스핀은 정수(整數). 중간자는 모두 단시간에 붕괴되어 종국적으로는 몇 개의 경입자나 광자가 되어버린다. 쿼크와 반쿼크로 이루어진다고 생각된다. 중입자류와 중간자류는 모두 강한 힘을 서로 미치므로 이들을 묶어 하드론이라고 부르는 일도 있다.

• **경입자** 전자, 그리고 우주선에서 이전부터 발견된 무거운 전자와 같은 μ입자, 또 전자-양전자 충돌 실험에서 발견된 더 무거운 τ입자의

3종류의 전하를 가진 경입자 외에 각각 쌍이 되는 전자 중성미자, μ중성미자, τ중성미자가 있다. 강한 힘은 작용하지 않고, 스핀은 경입자수 보존법칙도 도입되어 있다. 현재의 실험 정도에서 경입자는 크기나 내부 구조를 갖지 않는 소립자라고 생각된다(반지름 1경 분의 1㎝ 이하).

• **페르미 입자** 스핀이 1/2의 홀수 배의 입자. 중입자나 경입자의 총칭으로 이들 입자는 하나의 양자역학적 상태에서 1개밖에 존재할 수 없다(페르미 통계에 따른다). 이 성질이 별의 안정성에 중요한 역할을 하고 있다.

• **보즈 입자** 스핀이 정수인 입자. 중간자나 광자의 총칭으로 하나의 상태에 몇 개라도 존재할 수 있다(보즈 통계에 따른다).

• **반입자** 페르미 입자의 시간의 방향을 역으로 한 것. 그 결과 질량 이외의 양자수(전하 등)는 부호가 변한다. 예를 들면 전자와 양전자, 양성자와 반양성자는 서로 각각의 반입자인데, 우리가 주변에서 익숙한 전자나 양성자를 입자로 하고, 양전자·반양성자를 반입자로 하는 것이 관행으로 되어 있다.

입자와 반입자는 쌍이 되어 생성되거나 소멸하기도 한다.

입자를 반입자로, 반입자를 입자로 바꾸고, 다시 공간을 반전했을 때 물리법칙은 불변이라는 보존법칙이 고려되었는데, 이것은 약한 힘이 작용할 때 깨진다는 것이 발견되었다(피치, 크로닌의 중성 K중간자 붕괴 실험).

• **β(베타) 붕괴** 자연 방사능에 의해 원자핵이 방사선을 방출할 때 헬륨 원자핵을 방출하는 α 붕괴, 전자를 방출하는 β 붕괴, γ선을 내는 γ 붕괴의 3종류의 양식이 있으며, β 붕괴는 약한 힘에 의해 중성자가 전자를 방출하여 양성자로 변환되는 것으로 해석하고 있다.

• **보존법칙** 몇 가지 물리량은 앞과 뒤에서 변화가 없다는 것을 보존법칙의 형식으로 명기한다. 에너지 보존법칙, 운동량 보존법칙, 전하의 보존법칙은 잘 알려져 있다. 이들은 보다 기본적인 원리에서 유래한 것으로 깨지지 않는다고 생각된다. 이 밖에도 중입자수 보존법칙, 경입자수 보존법칙, 패리티 보존법칙, 기묘도 보존법칙 등 여러 가지가 있는데, 이들은 절대적인 것이라고는 생각되지 않고 부분적으로는 깨지고 있다는 것이 실험으로 이미 알려진 것도 있다.

'소립자'의 보다 기본적인 구성 요소(쿼크)의 설명에 들어가기 전에 현대물리학에 있어서 보존법칙의 의의를 좀 더 설명한다. 사실 보존법칙의 깨짐을 발견할 때마다 현대물리학은 새로운 국면에 돌입하여 그것에 의해 본질적인 진보를 이룩해 왔다고 해도 과언이 아니다.

보존법칙의 의의

파울리가 β 붕괴 때 중성미자가 방출되지 않으면 안 된다고 말한 것은 에너지 보존법칙과 운동량 보존법칙, 각운동량 보존법칙이 만족되지 않기 때문이다.

그런 것이 만족되지 않아도 상관없지 않은가, 결국은 에너지 보존법칙이든 운동량 보존법칙이든 지금까지의 실험에서는 그것이 만족되었다는 것뿐이었고, 마침 β 붕괴 때 그것이 만족되지 않은 현상이 처음으로 발견되었는데, 왜 그러면 안 되는가 하는 입장도 원리적으로는 있을 수 있다.

그런데 생각해 보면, 예를 들어 각운동량 보존법칙은

'자연 현상이 일어나는 3차원 공간의 어느 방향도 특별히 치우치지 않는다(공간의 등방성). 그러므로 공간의 어느 방향을 좌표축으로 잡아도 자연을 기술하는 법칙은 변함이 없을 것이다.'

라는 가장 일반적인 원리로부터 유도되는 보존법칙이다.

또 다른 예를 들면 운동량 보존법칙이란

'이 공간의 어느 장소에 가도 모두 균일하며, 그러므로 어느 장소에 가서 자연법칙을 기술해도 같은 법칙을 얻을 것이다.'

라는 것에서 유래하는 보존법칙이다.

그럼, 에너지 보존법칙은

'시간의 과거나 미래에 있어서 시간의 어떤 점에서 물리 현상을 기술해도 같은 법칙을 얻을 것이다.'

라는 원리로부터 유도되는 보존법칙이다.

우리에게 아주 기본적인 의미를 갖는 시간이라든가 3차원 공간이 갖는 대칭성에서 직접 유래하는 보존법칙이라고 하면, 그것들이 깨진 다는 것은 대단한 일이다. 그런 의미에서 어떻게든지 구해야 한다는 생각이 든다.

이러한 보존법칙의 예는 그 밖에도 있다. 전자기학의 극히 기초에서 배웠다고 생각되는데, 반응의 시작과 끝에서 전하의 총량은 변하지 않는다. 즉 전기의 총량은 늘지도 줄지도 않는다. 이것을 '전하 보존의 법칙'이라고 부르는데, 이것도 법칙에 따르지 않는 현상이 지금까지 발견되지 않았다는 것만이, 요컨대 경험적인 법칙인가, 에너지 보존법칙과 같이 보다 일반적인 원리에서 나온 법칙인가.

전하량의 총합이 보존된다는 법칙은 맥스웰의 전자기 이론의 방정식이 어떤 종류의 변환에 대해 불변이라는 것에서 유래한다.

그것이 무엇인가 하면 전자의 상태를 나타내는 파동함수를 알게 되면, 전자의 위치나 속도를 시시각각 알 수 있다. 또한 전하나 전류 분포의 시간 변화 등도 알게 되는데, 이 파동함수의 방향을 세계 어디에서라도 같은 각도만큼 같은 방향으로 바꿔주는 그런 조작에 대해서 이론은 불변이므로 같은 답을 준다. 이것은 하나의 의미에서 공간의 어떤 종류의 균일성을 나타내고 있다. 그런 일반적인 요청으로부터 전하는 반드시 보존된다는 것이 결론으로 나와 있다. 그러므로 이것은 어떻게든지 깨지지 않아야 할 보존법칙의 하나이다.

근원적인 법칙과 편이적인 법칙

한편, 대학에서도 배웠고, 대학을 나와서 연구자가 되고 나서도 내 머리를 떠나지 않던 '중입자수의 보존법칙'이라는 것이 있다. 이것도 전하의 보존법칙과 같은 것이라고 어느 사이에 생각하게 되었다.

양성자를 예를 들어 생각해 보자. 양성자는 플러스의 전기를 가지며, 그 정지 질량은 전자의 정지 질량의 1800배 정도로 대단히 큰 정지 에너지를 가지고 있다. 그러면 이 양성자가 플러스의 전기를 가진 전자, 즉 양전자와 전기를 갖지 않은 중성의 π중간자(질량은 양성자의 약 6분의 1), 그 2개로 붕괴되는 경우를 생각해 보자. 즉 정지하고 있는(운동량 0) 양성자가 없어져서 그 한 점에서 한쪽 방향으로 양전자, 그 반대 방향으로 중성 π중간자가 나온 경우를 생각해 보자. 양성자 질량에 상당하는 전에너지를 2개의 입자로 잘 배분하면 양쪽 운동량을 같게 할 수 있어서 서로 반대 방향이므로 전운동량은 0인 채이다. 전운동량에서 생각해야 하는 것은 양성자의 스핀인데, 이것은 양전자의 스핀이 되었다고 생각한다. 따라서 이 경우에 에너지 보존법칙은 만족하고 있고, 운동량 보존법칙, 각운동량 보존법칙, 그리고 전하의 보존법칙도 만족하고 있다. 그런데 지금까지의 실험에서는 이런 사례는 하나도 발견되지 않았다.

보통, 이만큼의 에너지 차가 있으면 그런 일도 당연히 항상 일어날 것이다. 왜 그런 일이 일어나지 않는가, 왜 지금까지 발견되지 않는가. 그것을 설명하기 위해 중입자수 보존법칙이라는 것을 나중에 인위적으

로 덧붙였다. 즉,

'양성자에는 중입자수라는 것이 있어서 양성자의 경우 1이다. 전자나 양전자, 중성 π중간자도 중입자수는 0이다. 그러므로 중입자수 1인 상태에서 중입자수 0인 상태로는 변하지 않는다.'

이렇게 설명했다.

이것이 앞에서부터 설명하는, 요컨대 지금까지 그런 것이 발견되지 않았기 때문에 이것은 보존법칙으로서 이제는 액자에 넣어서 걸어두라는 것인가 또는 앞에서 든 예와 같이 더 깊고 더욱 근본적인 것으로부터 유도되는 보존법칙인가 하는 차이를 분명하게 결정해야 하는 것의 좋은 예이다. 지금 중입자수 보존법칙의 경우에는 그것을 유도할 수 있는 보다 일반적인 대칭성은 존재하지 않는다. 즉 이것은 편이적으로 가져온 것에 지나지 않는다.

예를 들면, 내가 중학교 때 "비둘기는 다른 곳에서 놓아주면 반드시 둥지로 되돌아오는데 대체 왜 그런가요?"라고 질문했더니 생물 선생님이 "그것은 귀소 본능이 있기 때문이다"라며 '귀소 본능'이라고 칠판에 씀으로써 설명이 끝난 일이 있었다. 그때는 '귀소 본능이란 굉장한 것이 있구나' 생각했는데, 거기서 일어나고 있는 것은 비둘기가 둥지에 되돌아온다는 사실이 관측되고 있고, 그것을 단지 말로 표현한 것이었다. 귀소 본능이라는 것이 보다 기초적인 것으로부터 유도된 것은 아니었다.

중입자수 보존의 법칙도 '요컨대 양성자가 보다 가벼운 입자로 붕괴되는 것을 지금까지 본 일이 없다'라는 사실을 말로 바꿔 표현한 것뿐 그것이 완전히 언제까지나 성립되는 법칙이라고는 생각하기 어렵다.

실제로, 약한 힘과 전자기력이 하나로 묶이는 것과 같이, 더 강한 힘도 하나로 묶자는 '대통일 이론'에 의하면, 양성자조차도 항상 그런 것은 아니지만 가끔 붕괴한다는 결론이 나온다. 그것이 어떤 붕괴 방식이 되는가가 만일 실험에서 포착되면 어떤 대통일 이론이 올바른 이론인가 짐작할 수 있게 된다.

1970년대 말엽부터 세계에서 양성자는 붕괴되는가 하는 것을 진지하게 조사하는 실험이 도처에서 시작된 것도 그런 이유에서이다.

소립자를 어떻게 관측하는가

그럼 이제부터 '소립자'의 보다 기본적인 구성 요소는 무엇인가 하는 얘기로 들어가게 된다. 어쨌든 반지름이 1㎝의 10조 분의 1 또는 그 이하(실제로 원자의 반지름은 1㎝의 1억 분의 1 정도이다)의 입자이므로, 어떤 현미경을 가지고도 그 행동을 직접 눈으로 볼 수 없다. 아마 이런 이유로 소립자란 종잡을 수 없다는 인상을 벗어나지 못한다고 생각된다. 그래서 보일 리 없는 작은 소립자를 어떻게 관측하는가를 실제 예를 들어 설명하기로 한다.

개략적으로 말하면, 불안정한 평형 상태를 이용하여 소립자가 내는 미세한 신호를 대폭적으로 증폭하여 관측한다.

하전 입자의 통과 장소를 알아본다

• 안개상자

1950년대 전반까지 여러 곳에서 사용된 '안개상자'라는 검출기가 있다. 이것은 원래 영국에서 안개 발생을 연구하기 위해 만든 것인데, 소립자 연구에 이용되어 수많은 성과를 올렸다. 우주선 중간자(나중에 μ 입자로 판명)의 발견, 양전자의 발견, 기묘 입자의 발견 등은 안개상자에 의한 것이다.

피스톤이 달려 있는 밀폐 용기에 기체와 알코올의 포화 증기를 봉입하여 급속히 끌어당겨 부피를 크게 한다. 단열 팽창한 기체는 갑자기 온도가 내려가서, 그 결과 여분이 된 알코올 증기는 액체로서 석출되어야 한다(이슬이 맺힌다). 실제로는 기체 중에 떠다니고 있는 먼지 등을 심지로 하여 안개와 같이 작은 방울이 된다. 이 방울은 중력에 의해 천천히 아래에 고인다. 그래서 이 피스톤 조작을 몇 번 반복하면 기체 내의 먼지가 전부 없어진다. 그렇게 되면 피스톤을 당겨도 여분의 증기가 방울이 되는 실마리가 없어진다.

기체에서 액체로, 또는 그 역으로 물질의 양상이 바뀔 때(상전이), 이런 변화를 방해하는 현상은 흔히 볼 수 있는 일이다. 고등학교의 화학 실험에서 비커의 액체를 가열할 때 돌비(突沸)를 방지하기 위해 금속의 작은 조각(끓임쪽)을 넣은 것을 상기하기 바란다. 그것은 과열 상태를 방지하기 위해서인데, 안개상자 내의 증기는 과냉각 상태가 된 것이다. 이러한 상태는 불안정하므로 어떤 계기가 있으면 단번에 변화가 진행된다.

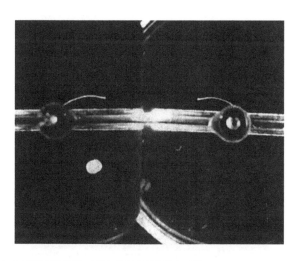

그림 2-1 | C. 앤더슨에 의한 μ입자 발견의 안개상자 사진
("CLOUD CHAMBER PHOTOGRAPHS OF THE COSMIC RADIATION"에서)

예를 들면, 이전 상태의 안개상자를 하전 입자가 통과했다고 하자. 그러면 입자의 비적(飛跡)에 따라 방울이 생겨서 그것을 사진에 담아 비적을 볼 수 있다. 이것은 하전 입자가 기체 원자를 가까이 통과할 때, 그 원자의 가장 바깥 껍질 전자를 때리면 그 전자가 근처의 원자를 이온화하여 이온이 밀한 집합을 만들고 그것이 심이 되어 이슬이 맺힌 것이라고 생각된다. 이 전자를 때리는 확률은 입자의 속도에 따라 변하므로 방울의 비적에 따른 밀도를 재서 그 입자가 광속의 몇 %의 속도로 지나갔는가를 측정할 수도 있다.

안개상자를 자기극 사이의 자기장 속에서 작동시키는 경우 하전

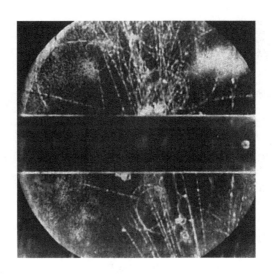

그림 2-2 | 로체스터와 바틀러에 의한 기묘 입자 발견의 안개상자 사진
("CLOUD CHAMBER PHOTOGRAPHS OF THE COSMIC RADIATION"에서)

입자의 비적은 그 운동량에 비례하는 반지름으로 휘므로 양쪽을 재면 그 입자의 정지 질량을 구할 수 있다.

실례를 살펴보자. 〈그림 2-1〉은 C. 앤더슨에 의한 우주선 중간자(현재의 μ입자)를 발견했을 때 안개상자의 사진이다. 위에서 들어온 하전 입자의 자기장 속에서 휨과 중앙의 금속판을 통과하여 에너지를 잃고 운동량이 작아진 하부에서의 휨과 방울 빈도의 증가를 주목하기 바란다.

〈그림 2-2〉는 로체스터와 바틀러에 의한 우주선의 기묘 입자 발견의 안개상자 사진이다. 중앙 금속판의 상호 작용으로 만들어졌을 중성

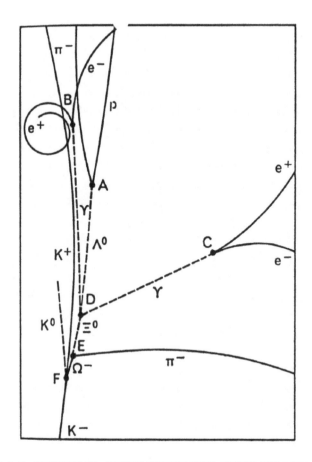

그림 2-3 | Ω−가 만들어져 있는 기포상자 사진(왼쪽 사진을 간략화한 것이 오른쪽 그림)

입자(이것은 보이지 않는다)가 비행할 때 2개의 하전 입자로 붕괴하여 그것이 역V자형으로 보인다.

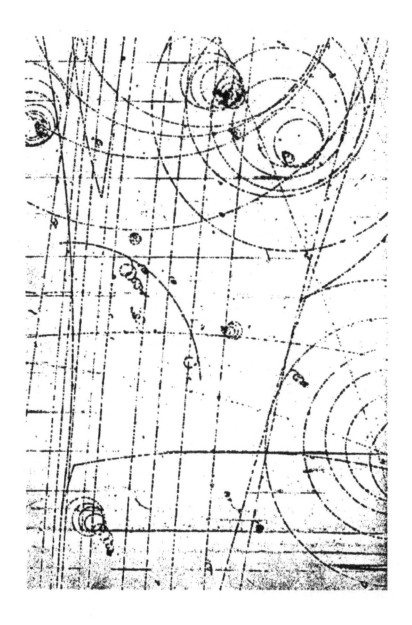

• 기포상자

안개상자와 마찬가지로 하전 입자의 비적을 보는 검출기에는 그 밖에 기포상자가 있다. 다른 점은 기체를 과냉각하여 방울을 만드는 것이 아니고 액체를 과열 상태로 해두고 하전 입자의 비적에 따라 기포를 만들어 그것을 사진으로 찍어 비적을 보는 것이다. 이 기포상자는 액체로는 액체 수소를 사용함으로써 소립자 충돌의 표적으로 양성자를 사용하는 동시에 모든 발생 하전 입자의 비적을 관찰할 수 있으므로 새 입자의 발견에 큰 역할을 했다(알바레는 이것으로 노벨상을 받았다). 실례의 하나로 Ω^-(오메가 마이너스)의 발견 사진을 나타냈다(그림 2-3). 이에 대해서는 나중에 다시 설명하고자 한다.

• 사진 건판

하전 입자의 비적을 보는 검출기로서 역사가 더 오래된 것은 사진 건판이다. α(헬륨의 원자핵)의 비적이 사진 건판을 흑화하는 것은 오래 전부터 알려졌는데, 그 감도를 올려 광속도에 가깝게 달리고 있는 하전 입자의 비적까지 찍을 수 있게 개량한 것은 영국의 파우웰의 지도를 받은 일퍼드이다. 〈그림 2-4〉는 남아메리카의 안데스산 위에서 우주선에 노출된 건판이며, π^+와 그것이 멎은 곳에서 나가 있는 μ^+, 그것이 멎은 곳에서 나가고 있는 e^+(양전자)를 볼 수 있다. μ^+의 비적의 길이가 일정(에너지가 일정)한 것에 주목하기 바란다. 이것은 π^+가 붕괴할 때 μ^+와 또 하나의 입자(이것은 찍히지 않았으므로 중성입자, 실은 μ중성미자)의 2개의 입

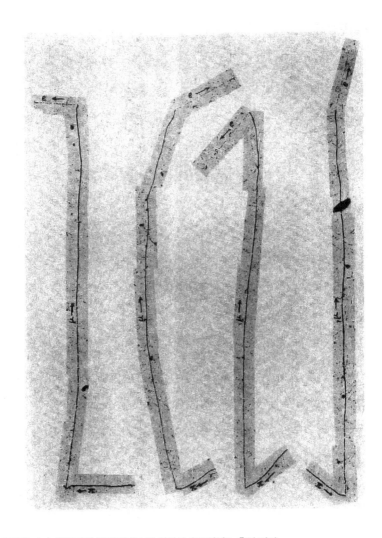

그림 2-4 │ 일퍼드에 의해 안데스산 위에서 우주선에 노출된 건판
("The Study of Elementary Particles by the Photographic Method"에서)

자가 된 것을 의미하고 있다(에너지와 운동량의 보존법칙).

• 방전상자

지금까지 얘기한 입자 비적의 관측 장치는 '자, 입자가 튀어 들어갔으니 비적을 보자'는 것으로 되지 않는다(안개상자는 가이거 계수관에서 입자가 지금 통과했다는 방아쇠 신호를 보내 피스톤을 끌어당기는 일도 고안되었다). 입자가 튀어 들어온 순간에 그 비적을 보고 싶다는 소망은 방전상자의 발명으로 달성되었다. 이것은 오사카대학에 있던 후쿠이와 미야모토 두 사람에 의한 것이다.

매끄러운 병행(並行) 평면의 극판 사이에 가스를 채워서, 나중에 설명하는 신틸레이션 계수관 등으로부터 하전 입자 도착 신호에 의해 극

그림 2-5 | 2종류의 중성미자의 발견

판 사이에 짧은 고전압 펄스를 건다. 그러면 입자의 비적에 따라서 기체 내에 이온화된 원자의 전자가 플러스극 쪽에서 눈사태를 일으키고 그 결과 그 장소에 비적을 따라 방전이 일어나 빛난다. 그것을 사진으로 찍는다. 이 방법을 사용해 실시한 소립자 실험 중에서 후세에 남은 것은 리언 레더먼 등의 2종류의 중성미자의 존재를 증명한 실험이다. 중성미자는 여간해서는 물질과 상호 작용을 하지 않기 때문에 철판과 이 방전 상자를 샌드위치처럼 많이 겹친 것을 검출기로 사용했다.

〈그림 2-5〉는 이 실험으로 얻은 사상의 하나로 왼쪽에서 들어오는 가속기에서의 중성미자(하전 입자가 아니므로 보이지 않는다)가 철의 원자핵과 충돌하여 전하를 가진 μ입자를 만들며, 그것이 오른쪽에서 몇 장이나 되는 철판을 통과한 것을 볼 수 있다. 만일 이것이 μ입자가 아니고 전자였다면, 질량이 가벼운 전자가 철의 원자핵 옆을 지나면 전자기력에 의해 진행 방향이 휘어질 뿐 아니라 γ선을 방출하고 그 γ선이 다시 철의 원자핵 옆을 지나면서 전자·양전자를 쌍발생한다. 그 결과 전자·양전자들의 하전 입자 수가 기하급수적으로 증가하는 것이 보인다. 그렇게 가속기에서 양성자에 의해 만들어진 π중간자가 μ입자로 붕괴될 때 나오는 중성미자는 β 붕괴 시에 전자와 함께 방출되는 중성미자와는 다른 종류의 것임이 증명되었다. 이것에 의해 레더먼은 1988년 노벨상을 받았다.

하전 입자의 통과 시각을 알아본다

• 가이거 계수관

이런 종류의 검출기로 잘 알려진 것이 가이거 계수관이다. 원통 모양의 금속 용기에 가스를 봉입하여 중심축에 가는 금속 심선을 쳐서 이것에 양의 고전압을 건다. 하전 입자가 기체 속을 지나면 원자를 이온화하여 양이온과 전자를 만드는데, 가볍고 움직이기 쉬운 전자는 금방 전기장으로 가속되어 심선 쪽으로 달리기 시작한다.

가속된 에너지가 어떤 값보다 증가하면 원자를 더욱 이온화시킬 수 있어서 새로이 전자를 만든다. 이렇게 기하급수적으로 증가한 눈사태 전자가 심선에 전기 펄스 신호를 생기게 하고 하전 입자의 통과를 알려준다. 코코니 등은 제2차 세계대전 후 실시한 가이거 계수관을 사용한 소립자 실험에서 우주선 중간자는 탄소의 원자핵과 강하게 상호 작용을 하지 않는다는 것을 나타냈다.

이것은 원자핵과 강하게 작용하는 것으로 도입된 유카와 중간자와는 다른 것임을 결정적으로 나타낸 것인데, 장치 그림을 보는 것만으로는 잘 모르겠지만 여기서는 생략한다. 가이거 계수관은 지금도 간단한 방사선 검출기로서 널리 이용되고 있다.

• 신틸레이션

신틸레이션 계수기란 어떤 종류의 물질에 하전 입자가 튀어들어오면 미약한 빛(형광 신틸레이션)을 내는 것을 이용한 것이다. 러더퍼드가 자연 방사능의 α선(헬륨 원자핵)을 얇은 금속박에 충돌시켜 그 산란 모습을 조사하여 큰 각도로 산란되는 사상의 비율에서 원자핵의 반지름보다 훨씬 작다는 것을 발견한 것도 황화아연(ZnS)에 튀어들어 온 α선에 의한 신틸레이션광을 눈으로 관측해 알 수 있었다.

이 무렵에는 미약한 빛을 증폭할 수 있는 광전자 증배관이 없었으므로, 실험자는 먼저 암실에 2시간쯤 들어가서 눈을 암흑에 익숙해지게 한 뒤 현미경을 들여다보고 미약한 황화아연의 신틸레이션 광이 어디에서 빛나는가를 계속 관측했다. 눈의 피로는 대단했다고 한다.

이 러더퍼드의 실험은 소립자의 미세한 구조를 실험적으로 조사하기 위한 규범이 되었다. 현재도 본질적으로는 같은 방법, 즉 고에너지 입자를 표적에 맞추어서 그 대각산란(大角散亂, 들어온 입자의 운동량과 나간 입자의 운동량의 차가 큰 현상)을 조사함으로써 보다 미세한 공간 영역을 탐색하는 방법으로 여러 가지 소립자 실험이 실시되고 있다.

고에너지 전자를 양성자에 충돌시켜 양성자가 0이 아닌 유한한 반지름을 갖는(그러므로 양성자는 소립자일 수 없다) 것을 증명해 노벨상을 받은 호프스태터의 실험은 바로 이 방법에 따른 것이다. 또, 이 실험에서는 큰 신틸레이션 검출기(아이오딘화나트륨 NaI)가 사용되었다.

큰 면적의 신틸레이션 검출기를 만들 목적으로 투명한 플라스틱 속에 형광제를 녹여 넣은 플라스틱 신틸레이션이 개발되었는데, 이 신틸레이션은 시간 분해능도 좋아서 널리 이용되고 있다.

• 체렌코프 광

특수상대성 이론에 의하면 어떤 입자(어떤 신호)도 진공 중의 빛의 속도를 넘을 수 없다는 것이 알려져 있다. 그러나 굴절률이 1보다 큰 매질속에서는 빛의 전파 속도가 진공 중의 속도에 비해 굴절률 분의 1로 떨어지므로, 이런 매질 속에서는 이 속에서의 빛의 속도보다도 빨리 하전입자가 달린다는 사태가 있을 수 있다. 공기 중에서 제트기가 음속을 넘는 속도로 날았을 때, 음의 충격파가 생긴다는 것은 잘 알려져 있다.

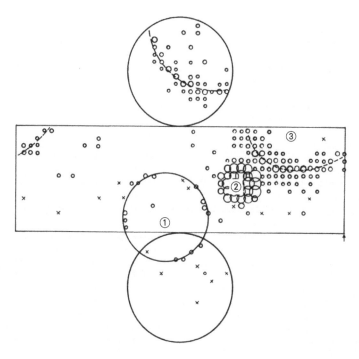

그림 2-6 | 가미오카 양성자 붕괴 실험의 사례

빛의 경우도 역시 빛의 충격파가 생긴다. 이것은 소련의 체렌코프가 이론적으로 예언한 것이다.

여러분 중에는 중수원자로를 들여다보았을 때 진보라색으로 빛나는 것을 본 사람도 있을 것이다. 이것은 β 붕괴 때 방출된 전자가 중수 속의 빛의 속도보다 빠른 속도로 지나갔으므로 체렌코프 광을 내고 있기 때문이다.

이 체렌코프 광은 하전 입자의 속도에만 의존해 생기는 것으로, 그 진행 방향으로 일정한 각도의 원뿔 모양이 방출된다. 이 성질은 특히 입자의 진행 방향을 나타내는 데 있어서 아주 고마운 것이다.

이 체렌코프 광을 적극적으로 하전 입자의 검출에 사용한 가미오카 양성자 붕괴 실험의 실례 중 하나를 살펴보자. 원통형의 수조 안쪽에 많은 광전자 증배관을 배치하여 미약한 체렌코프 광의 패턴을 보려고 한다.

〈그림 2-6〉은 이 원통형 검출기의 전개도로 체렌코프 광에 의한 링이 3개 보인다. 체렌코프 광의 방출각은 알고 있으므로 원통 안쪽의 표면에서 관측한 이 데이터로부터 이들 입자가 어디에서 발생하여 어느 방향으로 갔는가를 결정할 수 있다. 또한 각 링의 양상을 자세히 조사하여 ①은 μ입자에 의한 것, 나머지 ②와 ③은 γ선에 의한 것이라고 판정할 수 있다.

이 사상은, 실은 가미오카 양성자 붕괴 실험을 시작해서 약 3개월 후에 얻은 것인데, 그 전에너지가 양성자의 정지 질량과 거의 같다는 것, 또 3개의 입자가 거의 한 평면상으로 방출되고 있는 데서 양성자가 μ^+와 η^0(이타 제로) 중간자로 붕괴되어 η^0가 2개의 γ선으로 붕괴되었다고 생각하는 것도 가능하다. 우리는 크게 흥분했다.

우주선의 중성미자에 의해 이러한 사상이 생길 확률은 매우 적기 때문에 그 후 6년 가까이 실험을 계속해도 비슷한 사상은 나오지 않았다. 그래서 양성자가 붕괴하고 있다고는 아직 결론지을 수 없다.

• 드리프트 체임버(Drift Chamber)

고에너지의 입자 충돌에서 발생하는 다수의 하전 입자의 각 비적을 정도 좋게 측정하고, 더욱이 대량의 데이터를 컴퓨터에 넣는 것을 가능하게 한 것은 드리프트 체임버라고 불리는 장치이다. 상세한 것은 너무 전문적이므로 생략하겠다. 원리는 기체를 봉입한 용기 속에 그다지 강하지 않은 일정한 전기장을 설정하여 하전 입자의 비적에 따라 만들어진 전리 전자가 전기장 방향으로 일정한 속도로 날아 종국적으로는 신호선 가까이에서 가속되어 신호를 준다. 그 신호가 발생한 시각을 정확하게 측정하면 그 전자가 얼마만큼의 거리를 날았는지를 알게 되고 원래 비적의 공간 좌표를 알게 된다.

이것을 사용한 실험 결과의 예를 〈그림 2-7〉에 나타냈다. 이것은 독일 함부르크에 있는 국립 전자 싱크로트론 연구소에서 만들어진 고에너지 전자·양전자 충돌 장치(페트라)를 사용해 도쿄대학 팀이 실시한 국제 공동 실험(JADE, Japan-Deutchland-England)에 의한 것이다.

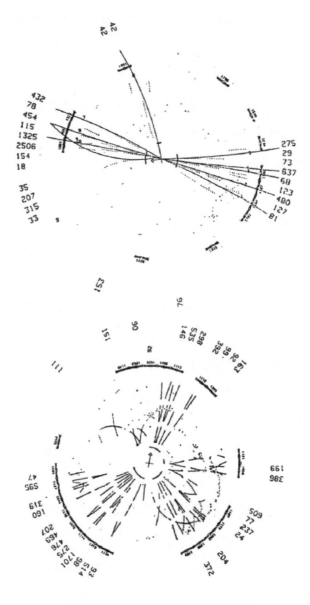

그림 2-7 │ JADE에 의한 실험 결과의 사례

이 그림에서 양전자는 지면에서 수직으로 위에서, 전자는 마찬가지로 지면에서 수직으로 아래에서 날아와서 그림의 중앙에서 충돌한다. 위의 그림에서는 하전 입자의 다발이 반대 방향으로 둘이 나와 있는 사상(이 타입이 대부분)을 나타내고 있다. 또 아래 그림에서는 하전 입자의 다발이 셋으로 나누어진 것을 볼 수 있다. 둘의 반대 방향의 하전 입자 다발은 전자·양전자의 쌍소멸에 의해서 만들어진 쿼크와 반쿼크가 서로 반대 방향으로 날아가서 각각 금방 몇 개의 중간자로 붕괴되었다고 해석할 수 있다. 또한 아래 그림에서는 쿼크-반쿼크 외에 쿼크 간의 강한 힘을 매개하는 입자, 글루온이 방출되었다고 해석된다.

이러한 데이터를 많이 해석하여 쿼크의 스핀이 1/2인 것이나 글루온의 스핀이 이론의 예상대로 1인 것, 글루온과 쿼크가 결합하는 상호작용 상수도 결정할 수 있었다.

많은 사람이 모르고 있을 것이라고 생각되지만, 이 글루온의 발견은 전자기학에서 힘의 매개 입자인 빛(전자기파)의 발견에 상당하는 것이다. 그러므로 이를 통해 강한 힘의 이른바 색역학(色力學)이 실험적으로 검증된 것이라고 볼 수 있다.

소립자 관측의 실례를 몇 가지 살펴보았는데, 이것에 의해 여러분이 조금이라도 소립자를 친근하게 느끼게 되었으면 한다.

소립자의 분류에서 퀴크로

몇 가지 소립자의 행동을 사진으로 나타냈으므로 얼마간 친근함이 생겼으리라 생각한다. 여기에서 기억해 주기 바라는 것은 우리는 소립자 그 자체를 본 것이 아니라 그것들의 행동이 만든 작은 요란(擾亂)을 눈사태로 증폭해 보고 있다는 것이다. 고공에서 비행기를 타고 사막을 달리고 있는 트럭을 내려다보았을 때, 트럭 자체는 보이지 않더라도 그것이 일으키는 모래 먼지로 어느 장소를 어느 정도의 속도로 통과하고 있는가를 추정하는 것과 비슷하다.

그래서 1950년대에 들어서자 가속기로 여러 가지 '소립자'를 발견했다. 우주선에서 발견한 π중간자는 바로 가속기로 만들어졌다. 또 그렇게 해서 생긴 π중간자를 양성자 표적에 충돌시켜 그 행동을 조사하는 실험이 페르미에 의해서 실시되어 Δ(델타)라는 양성자나 중성자(묶어

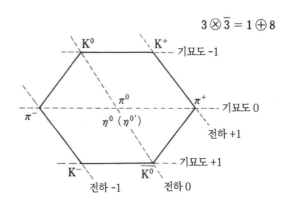

그림 2-8 | 9종류의 중간자의 조합

서 핵자)의 들뜬 상태가 처음으로 발견되었다. 이것은 핵자(核子)가 진짜 의미의 소립자가 아니고 내부 구조를 가지고 있을지도 모른다는 최초의 징후이다. 이 $\varDelta$에 대해서는 나중에 다시 설명하겠다.

또한 π 외에도 많은 중간자가 발견되었는데, 이들 중간자족이나 핵자족을 정리하는 데는 그렇게 복잡한 모형이 필요하지 않다. 문제는 우주선에서 발견된 기묘 입자와 μ입자를 어떻게 통일적으로 위치를 정하는 가이다.

μ입자에 대해 알려진 것은 정지 질량이 전자의 200배 정도라는 것으로 그 이외의 성질은 전자와 변함이 없다. 그래서 어떤 유명한 학자는 '대체 누가 μ 따위를 주문했는가'라고 한탄했을 정도였다. 또 기묘 입자는 고에너지의 충돌로 π중간자와 같은 정도로 만들어졌는데, 그 붕괴 수명은 너무 길다. 이들 기묘 입자의 평균수명은 1억 분의 1초에서 100억 분의 1초 정도인데, 강한 힘이 붕괴를 일으킨다면 이 수명은 다시 이 1조 분의 1 정도로 짧아질 것이다. 이것이 기묘라고 이름 붙여진 이유이다.

이 새로운 기묘 입자를 이해하는 제1보는 이들에게 새로운 양자수와 기묘도를 부여함으로써 이루어졌다. 이것은 당시 오사카시립대학에 있던 젊은 니시지만, 나카노, 미국의 겔만의 이름을 딴 법칙으로 알려졌다.

μ입자는 일단 제쳐놓고 기묘 입자도 포함한 물질, '소립자'의 분류는 세계의 이론 물리학자들이 경쟁하기도 했다. 일본에서도 당시 나고야대학의 사카타가 3종류의 기본 입자를 상정하는 이른바 '사카타 모

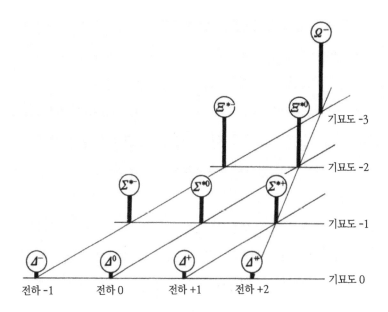

그림 2-9 | 스핀 3/2의 중입자의 분류, 세로 막대의 높이는 강조하기 위해 각각의 질량에서 일정량(12억 전자볼트)을 빼놓고 있다

델'을 제창하여 중간자의 분류까지는 성공했다. 그러나 중입자도 포함하여 모든 '소립자'의 분류에 성공한 것은 미국의 겔만과 이스라엘의 네먼이다. 3종류의 기초 입자 쿼크를 사용하는 이 모형에서는 양성자와 중성자의 차이에 상당하는 u(위 방향)와 d(아래 방향) 쿼크 외에 새로 s(기묘) 쿼크를 상정하여 이 쿼크가 기묘도라는 양자수를 가진 것이라고 생각했다.

중간자는 쿼크와 반쿼크의 조합으로 만들어져 있다. 이렇게 만들어지는 중간자는 3×3=9종류가 있는데, 그것은 8종류의 조와 1개의 조로 나눠진다. 이것을 〈그림 2-8〉에 나타냈다.

그런데 중입자는 쿼크 3개로 이루어진다고 생각된다. 3×3×3=27 중, 10개 조가 1개, 8개 조가 2개, 1개뿐인 조로 나눠진다. 보통의 핵자(양성자와 중성자)를 포함하는 중입자는 8개 조이다. 중입자의 1개 조는 최초로 우주선에서 발견된 Λ(람다) 입자이다.

〈그림 2-9〉는 스핀이 3/2으로 패리티 플러스의 중입자가 10개 조를 만들고 있는 모양을 그림으로 나타낸 것이다. 그림에서 알 수 있는 것처럼 이들 입자의 질량(수직축)에는 규칙성이 있어서 기묘도가 변하는 데 비례하여 증가하고 있는 것처럼 보인다. 이 그림의 가장 위에 있는 기묘도 −3의 Ω^- 입자는 아직 발견되지 않았는데, 현재 미국에 있는 일본인 학자 오쿠보 등의 예언에 의해 찾기가 강력히 추진되어 브룩헤이븐 국립 연구소의 기포상자 실험 그룹이 발견했다. 이 그룹에는 현재 도쿄대학의 야마모토도 참가했다. 〈그림 2-3〉은 그 Ω^-가 만들어지고 있는 기포상자 사진이다.

이렇게 u, d, s 3개의 쿼크를 기초로 하는 3원 모형은 200을 넘는 중간자나 중입자를 잘 분류하는 데 성공했다. 〈표 2-1〉은 이 3종류의 쿼크를 포함한 표이다. 여기에는 그 뒤에 발견된 쿼크도 포함하고 있다. 이 쿼크는 지금까지의 소립자와 두드러지게 다른 성질을 갖고 있다. 즉, 가지고 있는 전하가 전자 전하의 정수배가 아니고 +2/3라든가

향기 양자수 Q	상향 Up 	하향 Down 	기묘 Strange 	매력 Charm 	바텀 Bottom 	탑 Top
전하 Q	+2/3	−1/3	−1/3	+2/3	−1/3	+2/3
스핀 S	1/2	1/2	1/2	1/2	1/2	1/2
이소스핀 I (Iz)	1/2 (+1/2)	1/2 (−1/2)	0	0	0	0
기묘도 Strangeness	0	0	−1	0	0	0
참 Charm	0	0	0	1	0	0
바텀 Bottom	0	0	0	0	1	0
탑 Top	0	0	0	0	0	1
질량 (100만eV)	m_0	m_0	m_0+150	m_0+ 1300	m_0+ 4500	m_0+ 40000?

표 2-1 | 쿼크의 양자수

−1/3이 되어 있다. 이런 어중간한 전하를 가진 입자는 지금까지 한 번도 관측된 일이 없다(실은 전하에 단위가 있다는 것을 처음으로 제시한 밀리컨의 기름방울 실험에서는 어중간한 전하가 나온 예가 하나만 기록되어 있다). 어중간한 전하는 아주 특징적인 성질이므로 쿼크를 찾는 실험이 세계에서 몇 번 실시되었지만 아직 발견되지 않았다.

파톤

가속기로부터의 고에너지 입자, 특히 전자를 양성자에 충돌시켜 무엇이 일어나는가 조사한 실험에서 양성자의 반지름이 유한이라는 것을 알게 된 것 이외에 양성자 속에는 어떤 단단한 입자가 몇 개 있어서 그것이 전자와 충돌하고 있는 모습이 드러나게 되었다.

유명한 파인먼은 양자 전기 역학으로 도모나가, 슈윙거와 함께 노벨상을 받은 사람이다. 발상이 아주 독창적이어서 전부터 우주선에서의 초고에너지 핵 충돌에 있어서 2차 입자수가 증가하는 방식 등으로 입자 속에는 몇 개의 단단한 심이 존재하여 그들의 스핀은 아마 1/2일 것이라고 추정하고, 이것을 파톤(부분자)이라고 이름 붙였다.

이 동역학적으로 상정된 파톤과 정역학적인 분류에서 위력을 발휘한 쿼크가 과연 같은 것인가 하는 것이 그로부터 몇 년간의 실험적 연구의 표적이 되었다.

지금 이해하고 있는 양성자의 스케치는 다음과 같은 것이다. 즉 양성자는 각각 스핀 1/2인 3개의 쿼크 uud로 만들어지고 있는데, 그 밖에 쿼크 사이의 강한 힘을 매개하는 글루온도 방출되거나 흡수되거나 하여 서로 엇갈려 날고 있을 것이다. 또한 글루온이 새로운 쿼크, 반쿼크 쌍을 만들거나 또 쿼크, 반쿼크 쌍이 쌍소멸하여 글루온이 되고 있는 매우 복잡한 상태일 것이다. 파인먼의 파톤은 이들 전부, 즉 3개의 쿼크 이외에 글루온, 쿼크, 반쿼크도 포함한 것이라고 생각된다.

소립자의 3패밀리

이렇게 3쿼크 모형은 상당히 성공을 거두었는데, 1974년 11월 새로운 쿼크가 극적으로 발견되었다. 하나는 양성자가 베릴륨의 원자핵에 충돌했을 때 만들어지는 2차 입자 속에서 빈도는 아주 낮지만, 그 속에서 전자와 양전자를 정확히 골라내 측정했더니 그 전자와 양전자는 어떤 일정한 정지 질량을 가진 입자가 붕괴한 것 같다는 사실이 발견되었다.

한편, 이미 운행되고 있던 스탠퍼드대학의 선형 가속기로부터 나온 전자와 양전자를 충돌시키는 상호 충돌 장치에서도 전자와 양전자를 꼭 알맞은 에너지로 충돌시키면 반응이 급속히 증가하여 중간자 등이 많이 만들어졌다.

이렇게 그 에너지가 양성자 질량의 꼭 3배가 되는 데서 새로운 입자 상태가 발견되었다. 그것을 해석해 보면, 이것은 실은 앞에서 설명한 위를 향한 쿼크, 아래로 향한 쿼크, 그리고 기묘 쿼크 외에 네 번째인 참이라는 쿼크도 없어서는 안 된다는 것을 나타내고 있었다.

그 성질을 여러 가지로 조사해 보니 위, 아래로 향한 쿼크와 전자와 전자 중성미자가 하나의 패밀리를 형성하고 있다. 그리고 이번에 발견된 참과 기묘 2개의 쿼크와 μ입자, μ와 쌍이 되어 있는 μ중성미자가 제2의 패밀리를 만들고 있다.

그 두 패밀리가 완결되었으므로 결말이 난 것이라고 대부분의 이론 물리학자들은 생각했다.

τ (타우) 입자의 발견

그런데 같은 전자·양전자 충돌 장치 실험에서 다시 새로운 발견이 있었다. 그것이 무엇인가 하면 μ보다도 더 질량이 무거운 τ(타우)라는 입자가 발견되었다. τ입자는 여러 가지 의미에서 μ와 아주 비슷하다. 다만 질량이 μ입자의 10배 이상이다. 그것과 쌍이 되는 중성미자라는 것도 있는 것 같다. 그렇게 되면 이것은 제1패밀리에도, 제2패밀리에도 넣을 수 없다. 그렇다면 제3의 패밀리를 생각해야 했다.

또 이번에는 미국의 페르미 가속기 연구소에서 하고 있던 실험에서 참보다도 질량이 더 큰 새로운 종류의 쿼크가 있다는 실험 사실이 나왔다. 이것을 뷰티 쿼크라고 부르는 사람도 있는데 보통은 바텀 쿼크라고 부른다.

그렇게 되면 새로 발견된 τ, 그리고 τ의 짝으로 아마도 존재할 τ 중성미자, 그리고 바텀 쿼크, 그 위에 오는 것으로 보통은 탑 쿼크 [truth(진실)라는 말을 쓰고 싶어 하는 사람도 있다]라고 불리는 또 하나의 쿼크를 상정하는 것이 자연스럽다. 그 탑 쿼크 찾기가 즈쿠바의 국립 고에너지 연구소의 전자·양전자 충돌 장치, 트리스탄의 최대 목표 중 하나가 되었다. 유감스럽게도 아직 발견되지 않지만 그러나 물리학자들은 언젠가 발견될 것으로, 반드시 존재할 것이라고 생각하고 있다. 그것을 찾게 되면 3개의 패밀리가 완결된다.

쿼크의 색

이것으로 위로 향한 것, 아래로 향한 것, 기묘, 매력, 바텀, 탑으로 6종류의 쿼크가 도입되었다. 6개의 다른 향기가 있는 쿼크가 존재한다는 사람도 있다. 또 쿼크에는 색에 대해서도 생각해야 했다. 즉 색도 향기도 있는 쿼크이다.

시작은 〈그림 2-9〉에 보인 중입자의 10개 조 입자 중 특히 Δ^{++}와 Ω^-이다. 이들 입자는 스핀이 3/2, 패리티가 플러스이므로, Δ^{++}의 경우에는 u쿼크 3개가 각각 1/2의 스핀이 같은 방향으로 배열되어 결합하고 있다. 또 Ω^-도 마찬가지로 기묘 쿼크가 3개 결합되어 있다고 생각하는 것이 자연스럽다.

그런데 상기해 보면, 쿼크와 같이 스핀 1/2인 페르미 입자는 같은 상태에서 1개 이상은 들어가지 못할 것이다. 이 딜레마를 풀기 위해 몇 가지 이론적 모델이 제창되었다. 해결은 시카고대학에 있는 난부(南部陽一郎)의 3색 모델로 결론이 났다. 즉, 쿼크는 향기를 지정한 것만으로는 일의적으로 결정되는 것이 아니고 어느 색인가 하는 것을 지정해야 했다.

따라서 Δ^{++}나 Ω^-에 있는 3개의 같은 향기의 쿼크는 실은 3개의 다른 색 상태에 있으므로, 페르미 입자에 대한 앞의 제한을 면할 수 있다. 그것뿐 아니라 3원색이 함께 무색(백색)이 되었을 때는 에너지가 낮아서 실제로 관측될 만큼 안정될 수 있다고 가정하면 색이 붙은 상태의 입자, 예를 들면 단독의 쿼크가 실제 관측되지 않는 것을 설명할 수 있다. 즉 색이 붙은 상태는 에너지가 매우 높기 때문에 현실적으로 만들어 낼 수 없다. 또한 어떤 상황에서 만들어졌다고 해도 관측될 만큼 수명이 길어지지 않는다는 것이다.

이 쿼크의 색을 생각하는 모델은 그 색을 쿼크 간에 작용하는 강한 힘의 원천(전하가 전자기력의 원천인 것처럼)으로 하는 양자 색역학으로 크게 발전했다. 즉 쿼크도 글루온(그 자체가 색을 가지고 있다)을 방출함으로써 자체의 색이 변하여 글루온을 받아들인 쿼크는 색이 변하는 형식으로 강한 힘이 매개된다.

이것으로 끝인가

그러면 이 3개의 패밀리로 완결되었는지, 제4패밀리라는 것은 있는지 없는지, 이런 문제에는 아직 대답이 나와 있지 않다.

그 문제에 관해서도 우주로부터의 결론이나 소립자 실험으로부터의 결론도 점차 범위가 좁혀져서 패밀리의 수는 그렇게 무제한으로 많아질 수 없다. 있다고 해도 기껏 네 번째로 끝나는 것이 현재의 결론인데, 좀 더 실험이 진척되면 3개로 끝날지도 모른다. 그런 것을 검토하는 실험은 지금 벌써 진행되고 있다. 1989년 말부터 1990년에는 더 좋은 답

$$\text{I}\begin{cases} \begin{pmatrix} u \\ d \end{pmatrix}^{r}_{L}, \begin{pmatrix} u \\ d \end{pmatrix}^{g}_{L}, \begin{pmatrix} u \\ d \end{pmatrix}^{b}_{L}, \quad u^{r}_{R}, \ d^{r}_{R}, \ u^{g}_{R}, \ d^{g}_{R}, \ u^{b}_{R}, \ d^{b}_{R}, \\[2ex] \begin{pmatrix} \nu_e \\ e^- \end{pmatrix}_{L} \qquad\qquad e^-_{R} \ (\sim e^+_{L}), \qquad \boxed{\nu_{eR}} \end{cases}$$

$$\text{II}\begin{cases} \begin{pmatrix} c \\ s \end{pmatrix}^{r}_{L}, \begin{pmatrix} c \\ s \end{pmatrix}^{g}_{L}, \begin{pmatrix} c \\ s \end{pmatrix}^{b}_{L}, \quad c^{r}_{R}, \ s^{r}_{R}, \ c^{g}_{R}, \ s^{g}_{R}, \ c^{b}_{R}, \ s^{b}_{R}, \\[2ex] \begin{pmatrix} \nu_\mu \\ \mu^- \end{pmatrix}_{L} \qquad\qquad \mu^-_{R} \qquad\qquad \boxed{\nu_{\mu R}} \end{cases}$$

$$\text{III}\begin{cases} \begin{pmatrix} t \\ b \end{pmatrix}^{r}_{L}, \begin{pmatrix} t \\ b \end{pmatrix}^{g}_{L}, \begin{pmatrix} t \\ b \end{pmatrix}^{b}_{L}, \quad t^{r}_{R}, \ b^{r}_{R}, \ t^{g}_{R}, \ b^{g}_{R}, \ t^{b}_{R}, \ b^{b}_{R}, \\[2ex] \begin{pmatrix} \nu_\tau \\ \tau^- \end{pmatrix}_{L} \qquad\qquad \tau^-_{R} \qquad\qquad \boxed{\nu_{\tau R}} \end{cases}$$

그림 2-10 │ 소립자의 3패밀리(R는 우회전, L은 좌회전, r, g, b는 3원색을 나타낸다)

이 나올 것이다.

그러나 여기서 되돌아보면(〈그림 2-10〉 참조) 이미 3개의 패밀리가 존재하고 있고 스핀 1/2의 쿼크에는 스핀이 좌회전 상태(이것을 L 상태라고 한다)와 우회전 상태(이것은 R 상태라고 한다)가 독립적으로 존재하므로 각 패밀리에는 15개의 소립자가 존재하게 된다. 중성미자가 0이 아닌 정지 질량을 가지고 있다고 하면 R 상태의 중성미자도 존재하게 되어 각 패밀리의 멤버 수는 16이 된다. 다시 3패밀리가 있으므로 합계 45의 다른 소립자가 존재한다. 소립자의 경우에 반입자는 다른 입자라고 생각하므로 45의 2배, 따라서 적어도 90개의 다른 소립자가 있어서 그것들이 우주의 기본적인 소립자라는 것이다. 이것은 아무리 생각해 봐도 이것들이 정말로 전부 소립자인가 하는 의문을 여러분도 가지게 될 것이다. 대부분의 물리학자도 그런 의문을 가지고 있다.

그래서 물리학자 중에는, 본래는 근원적인 패밀리가 1개 있고 그것이 아직 알려지지 않은 어떤 상호 작용에 의해서 첫 번째, 두 번째, 세 번째라는 식으로 차례차례 패밀리가 생겼다는 설명을 하려고 시도하고 있는 사람도 있다. 또 쿼크 때와 같이 이렇게 많은 쿼크는 보다 근원적인 종류가 더 적은 소립자로 만들어졌다는 입장의 이론을 생각하는 사람도 있다.

그러나 실험이 더 진척되지 않으면 어떤 생각이 옳은가에 대한 결정적인 증거가 없으므로, 현재로서는 아직 큰 진보가 없는 상황이다. 앞에서 말하는 것을 잊었는데, 지금 설명한 소립자는 물질의 근원이 되어 있다는 의미의 소립자이며, 이들 소립자 외에 힘을 매개하는 입자가 있다.

실은 기초 입자의 얘기가 이것으로 끝나면 마음이 가벼워질 것 같다. 이 밖에도 현재의 소립자 이론에서는 필요하다고 생각되지만 아직 발견되지 않은 입자가 몇 개 있다. 그러나 거기까지 들어가면 너무 전문적이 되므로 이쯤에서 잠시 쉬기로 한다.

이번에는 자연계에 작용하고 있는 여러 힘에 대해서 알아보기로 한다.

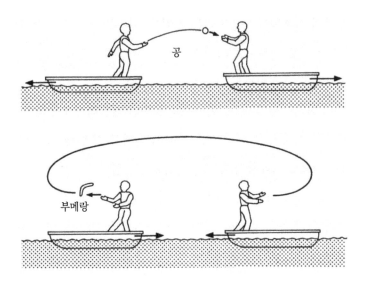

그림 2-11 | 힘을 다리 놓는 것

힘은 어떻게 생기는가 - 현재의 생각

자연계에는 우리가 아는 한 4개의 힘이 있다. 그 4개의 힘 각각에 특유한 입자를 교환함으로써 힘이 생기고 있다고 현재 이해하고 있는데, 정말로 그런 일을 생각할 수 있을까 하고 생각하는 사람도 있을 것이다. 힘은 어떻게 생기는가 하는 현재의 생각도 아마 여러분이 고등학교에서 배운 힘이 생기는 방식과는 상당히 다르다고 생각된다.

〈그림 2-11〉을 보기 바란다. 그림과 같이, 조용한 호수에 2척의 작은 배가 떠 있다고 하자. 각각 사람이 타고 있어서 그 사람이 공 던지기를 시작했다고 하자.

공 던지기를 시작하면 어떤 결과가 일어나는가 살펴보자. 예를 들어 한 사람이 공을 던졌을 때, 공이 다른 배로 날아가는 동시에 그 사람과 배는 그 반동으로 뒤로 움직일 것이다. 공을 받은 사람은 받는 순간에 공의 세력을 받은 것임으로 공을 포함하여 자신과 배가 뒤로 밀린다. 그렇게 되면 떨어진 곳에서 바라보는 사람은 주고받는 공은 보이지 않지만 배가 서로 떨어지기 시작한, 어떤 반발력이 틀림없이 작용한 것으로 보일 것이다.

반발력의 경우는 이렇게 납득이 가는 그림을 그릴 수 있으나 인력인 경우에는 좀 어렵다.

이것은 정확하게 말하면 조금 속임수를 써야 하는데, 이번에는 한쪽 사람이 오스트레일리아 원주민이 사용한다고 하는 부메랑을 다른 쪽 배와 반대 방향으로 던졌다고 한다. 그 반동으로 자신과 배는 다른 한쪽 배의 방향으로 움직일 것이다. 던진 부메랑은 도중에서 무엇에 부딪히지 않는 한 크게 원을 그리면서 던져진 원래 위치로 되돌아가는 성질을 가지고 있다.

되돌아온 부메랑을 다른 한쪽 배에 타고 있는 사람이 받았다고 하자. 받은 부메랑의 운동량 때문에 그 배와 사람이 처음 배 방향으로 움직이기 시작할 것이다. 멀리서 보고 있어서 부메랑을 보지 못한 사람은 처음에 정지하고 있던 2개의 작은 배가 이번에는 다가서기 시작했으므로 무슨 형태로든 인력이 작용했다고 생각할 것이다.

이것들은 아주 간단한 비유이므로 이것을 곧이곧대로 받아들이면 안 되지만, 현재의 물리학에서 힘은 어떻게 생기는가 하는 것은 이렇게 어떤 입자(이 경우는 공이나 부메랑)를 주고받음으로써 인력이나 척력이 생긴다고 생각한다.

힘의 통일적 이해

사실은 이 형의 이론적 인식의 가장 최초의 좋은 예는 19세기의 끝 무렵에 실시된, 그 당시로써는 전혀 다른 직용이라고 생각되던 자기력과 전기력의 통일적 이해이다. 아마 현재도 자석의 힘과 정전기의 힘은 전혀 다른 종류의 힘이라고 생각하는 사람도 있을 것이다. 더군다나 19세기의 끝 무렵이라고 하면, 그것은 어떻게 해도 하나로 묶을 수 있는 것이라고는 생각되지 않았다.

그런데 영국의 학자 패러데이나 맥스웰 같은 천재들이 전혀 달리 보이는 그 두 가지 힘을 하나로 통일하여 이론을 부여하는 '전자기학'이라는 학문의 체계를 만들었다.

이것은 실로 아주 좋은 이론이다. 나중에 알게 된 사실이지만, 그 뒤에 나오는 특수상대성 이론과도 잘 맞는다. 또 이것이 처음에 얘기한 새로운 물리학에서의 통일적 이론의 길을 가리키는, 국소 게이지장 이론이라는 형식으로 되어 있다는 것을 알게 되었다.

금세기가 되자 곧 아인슈타인의 일반상대성 이론이 나와서 이것도 역시 국소 게이지장 이론의 형식이 되어 있다는 것을 알게 되었다.

고맙게도 국소 게이지장 이론은 기초에 두는 입자의 종류와 그 입자가 가질 수 있는 여러 가지 대칭성 중 어떤 대칭성을 갖게 하는가를 설정하는 것만으로도 기초 입자는 서로 어떤 힘을 서로 미치는가, 또 그 힘을 매개하는 것은 어떤 종류의 입자인가, 그 파동 방정식은 어떤 방정식인가 하는 것이 자연스럽게 유도된다.

이것은 아주 고마운 이론 형식이다. 그렇기 때문에 여러 가지 힘을 기술하는 이론이 비교적 효율적으로 최근 몇십 년 동안 보다 큰 통일, 보다 더 큰 통일로 나아간 이유이다.

Z^0의 발견

벌써 몇 년 전 일이다. 제네바에 있는 CERN이라는 유럽 공동 연구소에서 에너지가 큰 양성자나 반양성자를 충돌시키는 가속 장치를 사용해 실시한 실험에서 Z^0라는 입자와 W^+와 W^-라는 입자가 발견되었다. 그리고 그 발견자들은 노벨상을 받았다.

이 W나 Z라는 입자의 발견은 무엇을 의미하는가. 맥스웰에 의해 통합된 전자기학, 즉 그것을 나타내는 현상은 전자기력 현상이다. 그 전자기력과 이번에는 원자핵의 β 붕괴라는, 일반적으로는 어떤 입자가 어떤 다른 입자로 붕괴되는 현상을 지배하고 있는 약한 힘을 통일한 이론을 실험적으로 검증했다는 의미를 가지고 있다.

전자기력은 원자와 원자가 결합하여 분자가 된다거나 분자와 분자가 결합하여 다시 큰 화합물을 만든다거나 하는 우리의 일상생활에 관계되는 것은 거의 전부 전자기적인 힘이 지배하고 있다.

한편 약한 힘은 앞에서 얘기한 것처럼 원자핵이 예를 들면 β선을 내고 다른 원자핵으로 변하든가, π중간자나 소립자가 μ입자와 중성미자로 붕괴될 때 작용하는 힘으로 일상생활과는 그다지 관계가 없는 힘이라고 생각되고 있다. 실은 태양이 수소 폭탄과 같이 한 번에 폭발해 버리지 않고 몇십억 년에 걸쳐서 일정한 에너지를 우리에게 계속 보내주는 것은 이 약한 힘이 브레이크가 되기 때문이다.

표준 이론

그 두 가지 힘, 즉 전자기적인 힘과 약한 힘을 또 하나의 높은 입장에서 하나로 통일한 이론(이것은 지금 '표준 이론'이라는 이름으로 부르고 있다)이 정말로 이론 물리학자들이 예상한 대로 올바른 자연의 기술이 되어 있다는 것을 실험적으로 최종적인 확증을 준 것이 Z^0와 $W^{\pm}$의 발견이었다. 여기서 하나 기억해 둘 것은 통일된 표준 이론도 역시, 앞에서 조금 얘기한 국소 게이지장 이론이라는 형식에 따라 만들어졌다는 것이다(다만 이때는 원래 제로 질량의 Z나 W에 큰 정지 질량을 주기 위해 조금 세공할 필요가 있었다. 이것은 너무 전문적이기 때문에 여기서는 설명하지 않는다).

강한 힘

자연계의 두 힘, 전자기력과 약한 힘에 대해서 얘기했는데, 세 번째 힘은 제2차 세계대전 후 얼마 안 되어 유카와가 노벨상을 받은 이론에 도입된 힘으로, 강한 힘이라고 불린다. 그것은 무엇인가 하면, 원자핵은 플러스의 전기를 가진 양성자와 전기적으로 중성이고 질량이 양성자와 거의 같은 중성자 몇 개가 모여서 되어 있다는 것은 여러분도 고등학교에서 배웠을 것이다.

이를 다시 생각해 보면, 같은 플러스의 전기 사이에서는 반발력이 작용한다. 따라서 플러스의 전기를 가진 입자와 전기적으로 중성인 입자를 좁은 곳에 밀어 넣어 두기 위해서는 플러스끼리의 반발력을 어떻게든 상쇄하는 보다 강하게 끌어당기는 힘이 필요하다. 그것이 작용하지 않으면 원자핵은 뿔뿔이 흩어져 버린다.

'그것은 어떤 형식의 힘일까?' 하고 유카와는 생각했던 것이다. 그것은 전자기력에 비해서 훨씬 강한 힘이지만 어떤 거리 이내에서만 작용하는 힘일 것이다. 그러면 어느 정도의 거리까지 유효하게 작용하는가 하면, 실제로 존재하고 있는 원자핵의 반지름 정도로 작용하고 있을 것이다. 이 반지름은 아주 작다. 예를 들면 1cm의 1조 분의 1이라는 것이다.

유카와는 그 정도의 반지름까지 유효하게 작용한다면 그런 힘을 매개하는 입자의 정지 질량은 얼마 정도일 것이라고 추정해 유카와 입자, 현재는 π중간자라고 불리는 것을 예언했다.

상세한 것은 생략하겠지만, 나중에 이 π중간자가 우주선이나 가속기에서 높은 에너지의 입자의 충돌 때 만들어지는 것이 실험적으로 증명되어 결말이 났다고 했을 때는 좋아했다. 그러나 실은 이 강한 힘에 대해서는 이 이후에 이해가 크게 진척되었다.

강한 힘의 재평가

그러나 물리학자로서 그것만으로는 만족할 수 없으므로, 다음에 쿼크와 쿼크가 3개, 아주 좁은 곳에 모일 수 있는 것은 대체 어떤 힘에 의하는 것인가 하는 문제를 생각했다. 역시 이것은 앞에서 설명한 원자핵이 하나로 모여 묶일 수 있기 때문에 필요로 하는 유카와의 π중간자를 매개로 하는 강한 힘, 그것과 같은 종류의 힘이 쿼크 사이에 작용하지 않으면 안 된다.

그러면 이번에는 쿼크들을 결합하고 있는 강한 힘을 운반하는 것은 무엇인가. 그것을 운반하는 것에 '글루온'이라는 이름이 붙여졌다. '글루(glue)'라는 것은 영어로 '풀'이라는 뜻이다. 글루온도 쿼크와 같이, 입자로서 실험에는 직접 나타나지 않았다. 하지만 이들이 몇 개의 보통 소립자(π중간자 등)로 붕괴하고 있다고 생각되는 사상이 고에너지 전자·양전자 충돌에서 많이 발견되고 있으므로, 거의 모든 물리학자는 이것들이 실재한다고 생각하고 있다. 쿼크의 색을 생각함으로써 이 쿼크 간의 강한 힘을 기술하는 양자 색역학이 완성되었다는 것은 벌써 얘기했다.

이 양자 색역학도 역시 국소 게이지장 이론의 형식을 하고 있다.

이렇게 되면 앞에서 설명한 것과 마찬가지로 국소 게이지장 이론이라는 형식을 가진 표준 이론과 다시 이번에는 국소 게이지장 이론의 다른 형식인 강한 힘의 이론, 이것을 다시 통일하여 강한 힘, 전자기력, 약한 힘을 모두 통일적으로 기술할 수 있는 국소 게이지장 이론을 만들 수는 없는가.

물론 또 하나 남아 있는 중력도 앞에서 조금 설명한 것과 같이, 아인슈타인의 일반상대성 이론은 국소 게이지장 이론의 한 형식을 가지고 있으므로 이것도 최종적으로 채택하고 싶은 것이다.

전자연계를 기술하는 이론은 이것 하나라는 것을 노린 것이다. 실험의 검증이 되었다는 의미에서 표준 이론이라고 하는데, 유감스럽게도 전자기적인 힘과 약한 힘까지만 통합한 이론이다. 그러나 이것이 최종적인 물리 이론이라고 생각하는 사람은 아무도 없다.

왜냐하면 표준 이론에 내재하는 임의의 파라미터의 수가 너무 많고, 왜 전자의 마이너스 전하는 양성자의 플러스 전하를 정확하게 상쇄하는가도 설명할 수 없다. 표준 이론은 어떤 상황(낮은 에너지 현상, 바꿔 말하면 저온 현상) 아래서만 성립되고 있는 근사적인 이론이라고 생각된다.

그것이 현재의 물리학 상황이다.

그러면 이러한 소립자라는 이른바 자연계의 궁극적인 구성 요소를 추구해가는 노력, 동시에 자연계에 작용하는 것으로 생각되는 4개의 힘을 모두 통합하여 궁극적으로는 단 하나의 이론으로 전자연계를 기술하려고 하는 미소 세계의 소립자 물리학과 우리의 또 한편의 극단에 있는 훨씬 큰 것을 다루는 천문학 또는 우주 물리학은 어떻게 관련되는가, 또는 관련이 없는가를 생각해 보자. 큰 것이라고 하면 지구, 태양계, 은하계, 다시 은하계와 같은 성운이 많이 모여 있는 성운 집단, 그것이 다시 흩어져서 존재하는, 궁극적으로는 우리가 알 수 있는 한 모든 것을 포함한 것으로 우주를 생각한다. 그 우주의 퍼짐은 소립자의 반지름에 비해 자릿수가 다르게(44자리 이상이나 다른) 큰 것이다. 대체 우주의 이해가 어떤 형태로 소립자의 이해와 밀접하게 얽히는가. 실은 그 모습을 설명하려는 것이 이 책의 목표이다.

3장

별의 일생과 원소의 창생

별의 일생과 원소의 창생

원소의 창생(創生)

이 세계에는 여러 가지 원소가 있는데, 그것들은 어디에서 어떻게 만들어졌는가 하는 문제부터 설명하고자 한다.

내가 중학교 무렵에 배운 물리학, 화학에서는 원소라는 것은 영원불변인 것이어서 인력으로는 다른 원소로 바꿀 수 없다고 가르쳤다. 그러나 현재는 고등학교에서도 가르치고 있는 것과 같이 원소는, 예를 들면 고에너지 입자를 그 원자핵으로 충돌시킴으로써 다른 원자핵으로 바꿀 수 있다. 원자핵이 바뀐다는 것은 원자가 바뀐다는 것이다. 따라서 원소라는 것은 결코 영원불변이 아님을 우리는 이미 알고 있다.

우리의 몸을 만들고 있는 원소에는 수소, 산소, 탄소 그 밖에 미량이지만 금속 원소라든가 여러 가지 것이 있다. 그런 것은 도대체 어떻게 해서 생겨났을까. 만일 이들 원소가 각각 영원불변인 것이라면 누가, 예를 들면 신과 같은 존재가 처음에 일정한 양만 만들어 이렇게 되어라, 라고 하는 것이 있었다고 생각할 수밖에 없다.

그러나 원소가 다른 원소로 바뀐다는 것을 안 이상 대체 그런 원소가 각각 고정 분량만큼 어떻게 해서 생겼는가 하는 문제가 된다.

가모의 아일럼(ylem)설

원소의 기원에 대해 의문을 가진 사람으로 러시아 태생의 물리학자 가모가 있다. 벌써 몇십 년 전에 가모는 세계 창조 때 아주 고온으로 고밀도의 중성자 덩어리였다고 설명했다.

앞 장에서도 언급했지만 중성자라는 것은 원자핵 밖, 즉 밀도가 작은 곳에 나오면 대체로 1,000초 정도의 수명으로 붕괴되어(β 붕괴) 양성자와 전자, 반전자 중성미자로 붕괴된다. 그러므로 중성자의 밀도가 아주 높은 덩어리가 팽창을 시작했다면 일부의 중성자는 붕괴되어 양성자와 전자를 만든다(그것과 동시에 반전자 중성미자도 나오는데 이것은 금방 날아가 버린다).

그런데 이번에는 중성자와 양성자가 결합하여 중양성자가 되는 반응이 금방 일어나는데 그때 γ선을 낸다. 가모가 생각한 것은 중양성자에 양성자가 결합하여 헬륨3(^{3}He)을 만들고, 다시 중성자가 결합되어 헬륨4(^{4}He)가 만들어진다. 다시 차례차례로 무거운 원소가 중성자와 결합하여 β 붕괴가 되면서 만들어진다고 생각했다.

가모는 농담을 아주 좋아했으므로 "그리스도교의 신은 전 세계를 만드는 데 1주일이 걸렸다. 이 중성자의 덩어리(그는 '아일럼'이라는 이름을 붙였다), 나의 아일럼은 10분 만에 전 세계를 만들었지"라고 자랑했다.

그러나 실은, 이 방법으로는 헬륨 이상의 무거운 원소를 만들 수 없다. 왜냐하면, 아주 간단한 이유에서인데 헬륨의 원자핵은 양성자, 중성자 등 전부 4개가 모여서 되어 있다. 그런데 이들 입자가 5개 모여 생성된 안정한 원자핵은 존재하지 않는다. 따라서 생성된 헬륨 원자핵에 다시 하나의 중성자나 양성자를 결합하려고 해도 결합하지 않는다.

그럼 헬륨끼리 결합하는 가능성은 어떤가 하면 그 경우에도 헬륨과 헬륨이 결합한 원자핵은 불안정하여 금방 붕괴된다. 즉 질량수 5와 8인 곳에 깊은 홈이 있어서 뛰어넘지 못한다. 그러면 헬륨보다 무거운 원소는 대체 어떻게 만들어졌을까?

헬륨보다 무거운 원소

우주가 어느 순간부터 시작되었다는 것은 실로 획기적인 생각이어서, 그에 대해서 즉각 "아니 그렇지 않다. 우주라는 것은 영원히 일정한 모습을 가지고 있으며 정상(定常) 상태에 있다"라고 말한 유명한 천문학자도 있었다.

재미있는 것은 우주가 정상 상태라고 말하는 사람들이 나중에 원소 합성의 홈을 뛰어넘는 방법을 발견했다는 것이다. 그 방법은 헬륨을 2개 결합한 ^{8}Be(베릴륨)은 불안정하지만 어떤 방법으로 헬륨을 3개 결합할 수 있다고 한다. 그 결과는 ^{12}C(탄소)라는 원자핵이 되는데, 이것은 안정적이다.

그러면 그런 일이 어떤 장소에서 일어나는 것일까? 2개가 서로 충돌하는 것은 밀도가 낮은 곳에서는 그다지 일어나지 않지만, 3개가 동시에 충돌하는 것은 밀도가 여간 큰 곳이 아니면 일어날 수 없을 것이다.

그와 동시에 헬륨의 원자핵은 플러스 2의 전하를 가지고 있으므로 플러스 2와 플러스 2의 전하가 결합하려고 하면 아무래도 전기적인 반발력이 생긴다. 그것을 뛰어넘기 위해서는 서로의 헬륨의 원자핵이 상당한 세력으로 뛰어다닐 필요가 있다. 즉, 온도가 아주 높아야 한다. 그런 조건이 만족하는 장소로 떠오르는 곳은 별 속이 어떨까 싶다.

실제로 그런 생각에 입각해 별 속에서 어떤 일이 일어나고 있을까 하는 것이 이론 물리학자에 의해서 계산되었다. 그로 인해 별의 탄생부터 성장하고 죽어갈 때까지를 대체적으로 이해할 수 있었다. 또한 원소가 어떻게 창생하는가 하는 대략적인 줄거리도 알게 되었다.

별의 탄생

별은 어떻게 태어났을까 하는 것을 먼저 생각해 본다.

우주의 극히 초기 무렵에는 아마 양성자와 헬륨과 그것에 부속하는 전자가 존재했으리라 생각된다. 양성자와 헬륨의 비율은 대략 헬륨이 25% 정도였다고 생각된다. 왜 그런 비율로 생겼는가, 그것은 우주의 가장 최초의 상태와 중성미자가 전부 몇 종류가 있는가에 따라 결정되는데, 이것은 나중에 설명하기로 하자. 어쨌든 지금 단계에서는 대략 4분의 1 정도의 헬륨을 함유한 수소가스가 충만해지고 있다는 것에서 출발하자.

실험실 안에서는 가령 어떤 진공인 용기 속에 가스를 넣으면 가스는 그 용기에 균일하게 가득 찬다. 우리한테는 그게 당연한 일이다.

그러나 별 사이의 공간이나 우주 공간과 같은 아주 넓은 공간을 생각하고 거기에 가스체가 언제나 균일하게 가득 차 있다는 것은 오히려 이상한 일이다. 어떤 장소에서 어떤 때는 밀도가 높아져 있고, 그것이 다시 낮아져 있는 것처럼 시종 흔들흔들 움직이고 있을 것이다.

어느 순간에 그 밀도가 늘어나는 방식이 어느 정도 이상으로 늘어났다고 하면 그곳은 물질이 다른 곳보다도 더 많이 모였으므로 중력이 강해진다. 그렇게 되면 강해진 중력으로 더 많은 물질을 주위에서 끌어모으려고 할 것이다. 그러면 밀도가 다시 더 커진다. 그렇게 되면 더 먼 곳에 있는 것까지도 끌어모으게 된다. 아마 별의 탄생은 그런 방식으로 시작되었다고 생각된다.

그렇게 점차 주위의 가스를 중력에 의해 흡수하여 질량이 커진, 갓 태어난 별은 중력으로 인해 가스체를 주변에 모으므로 당연히 온도가 올라간다. 가스를 압축하면 온도가 올라가는 것은 이미 알고 있다. 온도가 올라간 채로 그 열에너지를 밖으로 방출하지 않으면 중력과 고온이 된 가스체의 압력이 균형이 잡힌 데서 수축이 끝날 것이다.

그런데 온도가 올라가면, 여러분도 잘 알고 있는 것처럼 먼저 적외선을 낸다(이런 상황을 조사하기 위해 적외선 천문학이 활약하고 있다). 수축이 더 진행되면 눈에 보이는 가시광을 낸다. 빛을 내는 것은 에너지를 밖으로 방출하고 있는 것이므로 그 몫만큼 온도가 내려간다. 그에 수반하여 내부의 압력도 내려간다. 그렇게 되면 이번에는 중력 쪽이 우수해져서 더욱 수축한다. 다시 온도가 오르고 압력이 올라가는 일이 되풀이된다.

그렇게 밸런스를 유지하면서 점차 가스 덩어리는 수축하고, 그것에 의해 표면 온도도 올라가 크기도 작아진다. 그러나 만일 중력의 위치 에너지밖에 에너지원이 없다고 하면 이 가스체는 그다지 오랫동안 빛을 내지 못한다. 질량과도 관계하겠지만 겨우 수천 년밖에 빛나지 못할 것이다. 그런데 태양의 수명은 40억 년 이상이라는 것을 우리는 운석의 분석 등으로 이미 알고 있다.

주계열의 별

그러면 계속 빛나기 위해 다른 에너지원이 필요한데, 그것은 무엇일까 하고 이론 물리학자들이 생각한 것은 다음과 같다. 4분의 3의 수소와 4분의 1의 헬륨이 점차 밀도가 진한 덩어리로 수축해 가는 동안에 무거운 헬륨이 안쪽으로 가라앉아서 바깥쪽에 수소층이 생긴다. 그러면 표면에서 안으로 들어감에 따라 온도가 높아질 것이다. 수소층 가장 밑의 양성자의 온도가 어느 온도 이상이 되면 양성자와 양성자의 전하의 반발력을 뛰어넘어 서로 결합할 가능성이 생긴다.

이럴 때 양성자와 양성자가 결합한 것만으로는 안정되지 않는다. 다만 결합했을 때 한쪽 양성자가 양전자를 내고 중성자로 변하여(그것과 동시에 물론 전자 중성미자를 낸다) 그것이 다른 하나의 양성자와 결합해, 결과적으로는 중양성자와 전자 중성미자가 생기는 일도 있다. 이때 중양성자의 결합에너지 몫만큼 에너지를 얻는다. 일단 중양성자가 생기면 그다음부터는 여러 가지 통과 경로가 있는데 궁극적으로 ^{4}He에 도달하는 것은 쉽다.

따라서 궁극적으로는 양성자가 4개, 그중의 2개는 약한 힘인데 중성자로 변하고(그것과 동시에 전자 중성미자를 2개 낸다), 양성자 2개와 중성자 2개가 되어 헬륨의 원자핵을 만든다. 이때 양성자 4개의 상태와 헬륨 1개인 상태에서는 에너지가 상당히 다르기 때문에 그 반응에 의해 헬륨 원자핵의 결합 에너지에 상당하는 핵융합 에너지를 얻는다.

수소층의 가장 밑에서 그런 일이 일어나면 그 장소에서 에너지가 발생하므로 이 새로운 에너지원의 온도가 오르고, 나아가서 압력이 오르고, 그 결과 이 가스체가 그 이상 중력에 의해서 찌그러지지 않게 된다. 즉, 일정한 반지름을 유지하여 일정한 빛을 계속 내게 된다.

핵융합 에너지라고 했는데, 인류가 지금 가지고 있는 수소 폭탄과 같이 순식간에 전에너지를 단번에 폭발시켜 버리지 않고 천천히 40억 년에 걸쳐서 계속 빛나고 있는 것은 왜일까. 그것은 도중에 약한 힘이 작용하지 않으면 헬륨을 만들 수 없으므로 약한 힘이 브레이크 작용을 하고 있다. 그 때문에 천천히 오랜 시간에 걸쳐 에너지를 우리에게 주고 있는데, 약한 힘도 죽음의 재뿐 아니라 훌륭한 은혜를 우리에게 주고 있다. 수축을 시작한 가스체는 제구실을 하는 별이 된 것이다.

별은 그때 모인 가스체의 질량에 의해서도 수명이 각각 달라서 큰 질량의 것일수록 진화가 빠르다. 작은 별은 늦다.

어쨌든 수소층 밑에서 지금 설명한 4개의 양성자를 1개의 헬륨으로 천천히 변화시키는 반응을 하고 있는 상태의 별을 '주계열의 별'이라고 부르며, 별의 일생에서 이 시대가 가장 길다.

적색 초거성

이 주계열 상태가 계속되는 동안, 수소층 밑에서는 수소를 다 소모하여 헬륨의 재가 만들어진다. 그 때문에 그보다 안쪽의 헬륨층은 점차 질량이 커진다. 수소층 쪽은 가장 밑에서 타고 있는 수소의 핵융합 반응에 의한 압력으로 지탱되어 있으니 좋다. 내부의 헬륨 쪽은 자기 자신의 질량이 자꾸 커져 자기 중력으로 내부 압력도 점차 커져서 내부 온도도 올라갈 것이다.

밀도나 온도가 올라가면 어떤 온도, 밀도 상태로부터 앞에서 얘기한 3개의 헬륨이 동시에 충돌한다. 그때 γ선을 내고 ^{12}C가 되는 반응이 일어날 수 있다. 일단 그것이 일어나면, 이것은 약한 힘을 전혀 사용하지 않고 있으므로 단번에 진행된다. 그렇게 되면 헬륨의 심이 있는 데서 새로운 열원(熱源)이 생긴 것이므로 헬륨 자체가 단번에 팽창한다. 그것과 동시에 바깥쪽 수소층도 팽창하여 표면 온도가 내려가서 그 별은 주계열성이라는 상태에서 반지름이 크고 표면이 붉게 빛나는 적색 초거성이라는 상태가 되는 것 같다. 그로부터 앞의 진화는 비교적 빠를 것이다.

이번에는 그렇게 해서 생긴 탄소가 내부에 서서히 축적될 것이다. 축적된 탄소의 재 또한 어느 정도 이상이 되면 자체의 무게로 심이 있

초신성이 되기 직전

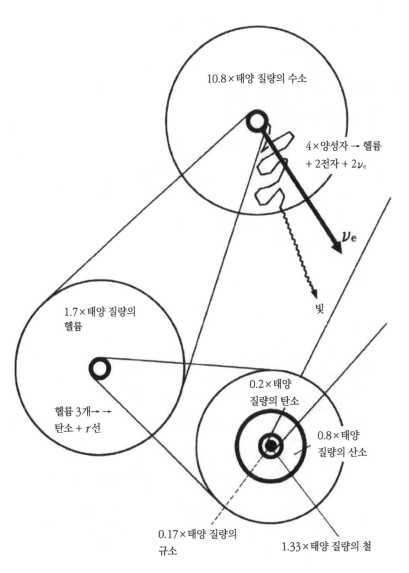

10.8×태양 질량의 수소

4×양성자 → 헬륨
+ 2전자 + $2\nu_e$

ν_e

빛

1.7×태양 질량의
헬륨

헬륨 3개→ →
탄소 + r선

0.2×태양
질량의 탄소

0.8×태양
질량의 산소

0.17×태양 질량의
규소

1.33×태양 질량의 철

그림 3-1 | 적색 초거성(15×태양 질량, 태양 질량의 15배의 뜻)의 단면도

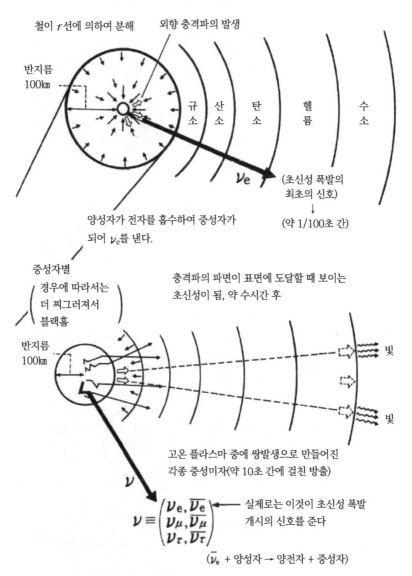

초신성이 된 직후

철이 r선에 의하여 분해

외향 충격파의 발생

반지름
100km

규
소

산
소

탄
소

헬
륨

수
소

ν_e

(초신성 폭발의
최초의 신호)
↓
(약 1/100초 간)

양성자가 전자를 흡수하여 중성자가
되어 ν_e를 낸다.

중성자별
경우에 따라서는
더 찌그러져서
블랙홀

충격파의 파면이 표면에 도달할 때 보이는
초신성이 됨, 약 수시간 후

반지름
100km

빛

빛

고온 플라스마 중에 쌍발생으로 만들어진
각종 중성미자(약 10초 간에 걸친 방출)

ν

$$\nu \equiv \begin{pmatrix} \nu_e, \overline{\nu_e} \\ \nu_\mu, \overline{\nu_\mu} \\ \nu_\tau, \overline{\nu_\tau} \end{pmatrix}$$

실제로는 이것이 초신성 폭발
개시의 신호를 준다

($\overline{\nu_e}$ + 양성자 → 양전자 + 중성자)

는 곳의 온도가 올라가서(밀도가 올라가서) 탄소와 탄소가 충돌하여 더 무거운 원소가 되는 반응이 일어난다. 이런 일이 차례차례로 일어난다.

철심

그럼 어디까지 그런 일이 진행되는가 하면, 심이 철의 원자핵이 될 때까지다. 여러분은 잘 모를지도 모르겠지만, 철의 원자핵은 에너지적으로는 가장 안정한 원자핵이다.

예를 들면 물체가 얼마만큼 튼튼히 결합되어 있는가를 나타낼 때 '결합 에너지'라는 말이 사용되는 일이 있다. 결합 에너지는 뿔뿔이 흩어져 있을 때 비해서 결합된 상태의 에너지가 얼마만큼 내려갔는지 그 차이를 나타낸다.

철의 경우는 원자핵으로부터 1개의 양성자(또는 중성자)를 꺼내어 따로따로 하기 위해 필요한 에너지(입자의 결합 에너지와 같은 양)의 양이 가장 크기 때문에 가장 굳게 결합되어 있다.

그렇다면 철의 재의 양이 늘어나서 철의 중력으로 밀려서 안쪽이 뜨거워졌다고 해도 철과 철이 결합해서 가장 무거운 원소가 되어 에너지를 낼 수 없게 된다. 철과 철을 무리하게 결합하려고 하거나 뿔뿔이 흩어지게 하려고 생각하면 에너지를 내는 게 아니고, 주위에서 얻어야 한다. 그렇지 않으면 그런 일은 일어나지 않는다. 그렇게 되면 지금까지 순차적으로 일어난 핵융합 반응과는 다른 어떤 일이 일어나야 한다.

양자역학적 축퇴

대체 어떤 일이 일어나는가 살펴보자. 상세한 것은 어려운 내용이라는 것만 알아두자. 대략 태양 질량의 1.4배 정도의 철심이 속에 생기면 그 철은 자신의 중력을 철 속에 있는 원자핵 주위의 전자의 압력(양자역학적 축퇴 압력)으로 지탱했었는데, 지탱하지 못하게 된다. 앞에서 소립자를 설명할 때 이야기했었는데 전자나 양성자, 중성자와 같은 페르미 입자는 하나의 상태에 1개밖에 넣을 수 없다는 특별한 성질이 있다. 이것은 양자역학의 특유한 일인데, 예를 들면 탄소 원자에 전자가 어떻게 배치되어 있는가 알아보자. 탄소 원자는 원자핵의 플러스 전기가 6개이므로 주위에 6개의 전자가 회전하고 있다. 가장 가까운 곳에 있는 궤도를 지나는 전자는 2개이다. 왜 2개인가 하면 전자에는 스핀이라는 성질이 있고, 스핀은 위로 향한 상태와 아래로 향한 상태가 있기 때문이다. 따라서 합계 2개가 가장 안쪽의 에너지가 가장 낮은 원자핵 가까운 곳에 들어가 있다. 전자는 더 이상 그 궤도에 들어가지 못하므로 그다음 전자는 더 멀리 돌게 되는, 에너지가 보다 높은 궤도에 들어가야 한다.

물질에서도, 예를 들면 지금 설명한 철의 큰 덩어리 속에서도 전자는 가장 에너지가 낮은 상태부터 순차적으로 축적된다. 따라서 끝쪽의 전자는 에너지가 매우 높은 곳에 있어야 한다. 에너지가 높은 곳에 있는 전자는 그만큼의 압력을 만든다. 지금 설명한 전자의 성질 때문에 부득이 높은 에너지 상태로 있어야 한다. 그 전자가 만드는 압력이 철의 중력을 지탱하는데, 지금 얘기한 철의 질량이 태양 질량의 1.4배를

넘으면 중력 쪽이 이겨서 전자의 압력을 지탱할 수 없게 되어 완전히 찌그러진다. 이것을 초신성의 방아쇠라고 보고 있다.

초신성에는 자세히 말하면 2종류의 타입이 있어서 지금까지 설명한 것이 제II종 초신성이고 별이 죽을 때라고 생각해도 된다(제I종 초신성은 이 이전의 단계이며 핵융합의 폭주가 부분적으로 일어난 것으로 생각하고 있다).

눈으로 보는 초신성

그럼 찌그러진 철은 결국 어떻게 되는가? 이때 여러 가지로 반응이 일어나는데 극히 간단하게 말하면 다음과 같다. 찌그러져서 밀도도 커지고 온도도 높아지면 철의 원자핵은 γ선을 흡수하여 분해되고, 전자는 양성자 속에 밀려 들어가 버린다. 전자가 양성자 속으로 밀려 들어가면 중성자가 되는데, 그때 전자 중성미자를 낸다.

이런 여러 가지 일들이 일어나서 중심에 빠져들어 가는 철의 재는 분해되어 오직 중성자가 된다. 그로 인해 심이 있는 곳에는 자꾸 밀도가 올라가서 원자핵과 같은 정도의 밀도가 된다. 원자핵과 같은 정도의 밀도가 되면 그 이상은 압축되지 않는다.

압축되지 않는 이유는 중성자도 하나의 상태에 1개밖에 들어가지 못하는 성질을 가지고 있으므로, 점차 에너지가 낮은 곳부터 메워져서 끝쪽의 중성자는 높은 에너지 상태로밖에 들어가지 못한다.

계속 떨어지는 늦게 온 철 덩어리의 가장자리 부분은 도중에 일부 중성자로 변환되는데, 먼저 이미 굳어져 버린 단단한 핵으로부터 다시 튕겨져서 바깥쪽으로 충격파가 생긴다. 충격파는 펑하고 바깥쪽으로 퍼져간다.

충격파의 예를 들자면 히로시마의 원자 폭탄 사진의 '버섯구름'을 떠올려 보면 된다. 버섯구름의 모양은 폭발로 생긴 충격파가 전파되어 가는 파면(波面)이다. 충격파가 지나간 직후 그 장소의 물질은 굉장한 고온이 된다. 초신성의 폭발은 그것보다 규모가 엄청나게 큰 폭발이다.

그렇게 되면 철의 찌그러진 심이 있는 곳에서 생긴 충격파는 점차 바깥으로 전파되어 가서 아직 내리쬐는 중성자나 철, 철의 바로 바깥쪽에 있던 마그네슘이나 규소 등의 층을 뚫고 나간다. 그리고 그것들을 자꾸 뜨겁게 하면서 궁극적으로 바깥쪽의 수소층까지 도달한다. 그렇게 되면 수소층이 있는 곳이 급격히 온도가 올라가서 바깥쪽으로 날아가는 동시에 빛을 많이 내기 시작하는데 이것이 눈으로 보는 초신성이다.

심이 찌그러지고 나서 충격파가 표면까지 전파되어 빛나 보이기까지 대체 얼마만큼의 시간이 걸릴까. 이것은 물론 별의 반지름에 따라 다르다. 앞에서 설명한 적색 초거성과 같이 반지름이 아주 큰 별인 경우, 반나절 또는 하루 걸려서 겨우 표면이 빛나 보인다. 더 작은 별이라면 2시간이나 3시간이면 표면이 빛나기 시작한다.

중성자별과 블랙홀

그럼 그 뒤에 남은 심은 원자핵에 가까운 밀도로, 또 전자는 양성자 속에 밀려 들어가서 중성자가 되어 있으므로, 거의 전부가 중성자로 된 덩어리이다. 그것은 별이 죽기 직전 상태로 '중성자별'이라고 부른다.

별이란 것은 단독으로 된 것도 있지만, 보통 아주 많은 별이 동반자를 가지고 있다. 쌍성(雙星)이라고 해서 서로의 주위를 빙글빙글 돌고 있다. 만일 쌍성의 한쪽이 그런 폭발을 해서 나중에 중성자별이 남았다면 회전하고 있는 동안 이웃 별에서 바깥쪽 물질이 중성자별로 쏟아져 내리는 일도 있을 것이다. X선 천문학의 관측은 확실히 그런 일이 일어나고 있다는 것을 알려 준다.

중성자별의 질량이 더 커져서 어느 단계에 이르면, 철의 중력이 전자에 의한 압력을 이겨서 찌그러진 것처럼, 이번에는 중성자에 의한 압력도 이겨내고 붕괴될 것이다. 그런 일이 일어나서 찌그러진 것이 블랙홀(검은 구멍)이라고 생각된다.

별의 일생은 이러하다.

철보다 무거운 원소와 초신성 폭발

이 장의 제목은 원소의 창생인데 별 속에서 탄소나 산소, 그리고 네온, 규소, 마그네슘, 철, 그런 것까지 만들어진다는 것은 이미 알고 있으리라 생각한다.

그러면 철보다도 더 무거운 원소는 어떻게 생겼을까. 이와 관련해서는 초신성 폭발이 큰 역할을 하는 것 같다.

앞에서 찌그러진 철의 심이 있는 곳으로부터 대단히 강력한 충격파가 밖을 향해 나가고 있어서 그것이 지나간 직후에는 엄청난 고온이 된다고 이야기했다. 중심 쪽에서 온 충격파가 그 바깥쪽으로부터 내리쏟는 철을 분해하여 많은 중성자가 생긴다. 그러면 중성자도 바깥쪽을 향해 날아가기 시작한다(물론 중성미자도 바깥쪽으로 나오게 된다). 중성자는 그 근방에 있는 물질에 자꾸 충돌하여 보다 무거운 원소를 만든다. 실제로 중성자의 순간적인 강도를 바꿈으로써 원소 분포가 어떻게 변하는가 하는 여러 가지 계산이 실행되었다. 우주에 지금 관측되고 있는 철보다 무거운 원소는, 아마 우주에서 지금까지 일어난 초신성 폭발 때 합성된 무거운 원소일 것이라고 보고 있다.

중성미자의 역할

초신성의 폭발이 일어나면 그 속에서 만들어진 원소나 폭발 때 만들어지는 가장 무거운 원소가 이번에는 우주 공간에 분출된다. 그렇게 되면 그 뒤에서 가스를 모아 생기는 별은 수소와 헬륨뿐만 아니라 처음에는 미량이지만 보다 무거운 원소를 함유한 별이 된다. 실제로 별을 여러 가지로 관측해 보면 무거운 원소가 많은 별이나 적은 별이 여러 가지로 다르다는 것을 알 수 있다. 이것은 별이 탄생한 시기의 차이를 반영하고 있는 것이라고 볼 수 있다.

지금 철의 심이 찌그러졌을 때 최후에 중성자별이 남아서 눈으로 볼 수 있는 신성이 태어나고, 그때 전자 중성미자가 나온다고 설명했다. 전자 중성미자뿐만 아니라 실은 앞 장의 소립자에서 설명한 다른 종류의 중성미자, μ중성미자라든가 μ중성미자, 그리고 각각의 반입자, 반

중성미자도 많이 나올 것으로 기대된다.

그것은 충격파가 통과한 직후 고온이 된 플라스마 물질 속에서 중성미자가 각각 반입자와 쌍이 되어 많이 만들어진다. 그렇게 해서 만들어진 중성미자가 밖으로 나온다. 잘 알다시피 중성미자족이라는 것은 물질과 상호 작용이 아주 약하기 때문에 거의 문제 없이 별 밖으로 꿰뚫고 나와 버린다. 그러나 원래 생각해 보면 태양의 1.4배의 질량을 가진 철 덩어리, 그것이 자릿수가 다른 작은 반지름까지 찌그러져 버리므로 그때 중력의 위치 에너지는 대단한 것이다. 그때 얻는 중력의 위치 에너지를 어떤 형태로든 밖으로 방출하지 않으면 찌그러지는 것 자체는 불가능하다. 그 방대한 에너지의 99% 이상을 업고 밖으로 운반하는 것이 중성미자의 역할이다.

처음으로 초신성 중성미자를 잡는다!

초신성 폭발 때 중성미자들이 갖고 나오는 에너지는 대단한 양이다. 그것을 태양이 내고 있는 전복사 에너지와 비교해 보면 태양이 2조 5000억 년 걸려서 방출하는 빛의 에너지와 거의 같은 정도의 에너지를 겨우 수초 동안에 싹 가지고 달아난다는 것을 알 수 있다.

그 중성미자를 일본의 가미오카 실험에서 처음으로 관측할 수 있었다. 마침 초신성이 생긴 장소가 우리 은하계 성운의 바로 이웃 성운, 이른바 연립 주택의 이웃이라고 할 만한 대마젤란성운에서 일어났으므로 중성미자를 관측할 수 있었다. 이것은 정말 기쁜 일이다.

그 이유는 인간이 천체의 관측을 시작한 지는 벌써 몇천 년이나 되지만 근대적인 관측을 시작한 것은 케플러나 갈릴레오 같은 사람들의 활약이 있고 난 후였다. 케플러가 관측한 초신성은 지금부터 380년도 더 전이므로 우리가 육안으로 관측할 수 있는 초신성이 발생한 것은 그 뒤의 일이다. 이때 대부분의 천체 이론학자는 "이것은 이해하기 어려운 일이다"라고 말했다.

왜냐하면 대부분의 천문학자는 이런 종류의 초신성 폭발은 적색 초거성의 단계에서 일어난다고 생각하고 있었다. 그렇다면 중성미자를 잡은 시간으로부터 적어도 반나절이나 하루가 지나지 않으면 표면이 빛나지 않으므로 보이지 않을 것이다. 그런데 남반구에서 빛으로 초신성이 발견된 시간과 우리가 중성미자를 관측한 시간을 비교해 보면 겨우 2시간 반밖에 떨어져 있지 않다. 그래서 이상하다고 생각하게 되었다.

이번 경우는 초신성이 되기 전 별의 관측 데이터가 있었다. 그것을 잘 조사하고 나서 폭발한 뒤 주위의 별 상태를 정확하게 관측해 보면, 폭발한 것은 적색 초거성이 아니라 그것보다 표면 온도가 높고 반지름은 훨씬 작은 청색 거성이라는 것이 분명해졌다. 그렇다면 심이 찌그러지고 표면에 도달하는 시간이 2시간 반이라도 당연한 일이다. 그렇게 천문학자들은 납득한 것 같다.

또한 이 가미오카 실험의 관측은 미국의 같은 지하 실험으로 추인(追認)되었을 뿐만 아니라 중성미자 방출 시의 온도, 중성미자의 전에너지 등 중력 붕괴에 의한 제Ⅱ종 초신성 폭발을 지금까지의 이론적 예상

의 기본적 부분을 실험으로 처음 확인한 것이 된다. 또 소립자로서의
중성미자에 관해서도 귀중한 식견을 얻었다.

4장

우주의 시작

우주의 시작

우주를 바라보면

일상 세계에서 시야를 크게 넓혀 보면 우리 지구가 속해 있는 태양계가 있고, 태양계 자체가 은하라고 불리는 성운의 비교적 가장자리 가까운 곳에 위치하고 있다. 은하란 많은 성운 중 하나이며, 그 밖에 여러 가지 다른 성운이 있다. 그러므로 여기에서는 어쨌든 우리가 관측할 수 있는 것을 모두 포함한 것을 우주라고 하자.

성운을 관측하여 어떤 규칙성을 발견했다. 어떤 원소가 내는 빛에는 어떤 특정한 파장을 가진 빛이 있다. 그 파장이 먼 성운으로부터 오는 빛은 붉은 쪽, 즉 파장이 긴 쪽으로 벗어나 보인다. 이것이 '도플러 효과'이다. 그 빛을 내는 성운이 빛의 속도에 비해 무시할 수 없는 빠른 속도로 우리에게서 멀어지고 있는 것을 나타내고 있다. 성운에 대해서 정리해 보면 멀어져 가는 속도가 그 성운까지의 거리에 비례하고 있다는 것이 알려졌다. 이것을 '허블의 법칙'이라고 부르며, 우주에 관한 기본적으로 중요한 관측 사실 중 하나이다.

그렇다면 시간을 반대 방향으로 해서 과거로 거슬러 올라갔을 때 모

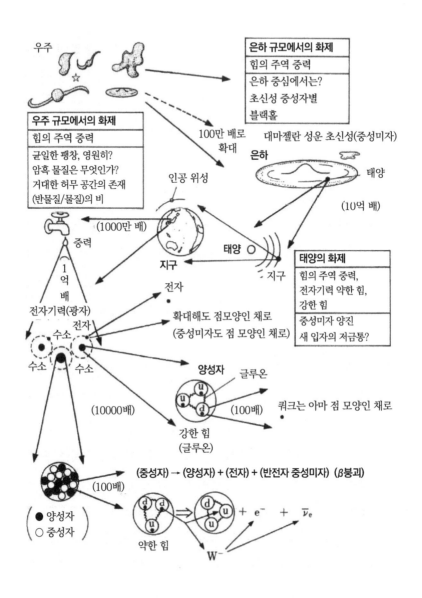

그림 4-1 | 주 규모에서 소립자 규모로

든 성운은 한곳에 모일 것이다. 현재의 거리와 그 속도로 역산하면, 그것은 약 150억 년쯤 전에 한 점에 집결되어 있었다는 것이 된다. 그러면 우주는 약 150억 년쯤 전에 한 점에서 대폭발을 일으키고 팽창을 계속하여 현재의 모습이 되었다는 생각이 들 것이다. 이 대폭발을 '빅뱅(Big Bang)'이라고 부른다.

이 우주의 모델, 즉 시간의 어떤 한 점에서 대폭발이 일어나서 그로부터 팽창하기 시작해 현재가 되었다는 생각이 처음부터 많은 사람에게 받아들여진 것은 아니었다.

이유는 여러 가지 있다고 생각되지만 철학적인 반대도 있었고, 그중에서도 대단히 존경받는 천문학자들도 있었다. 예를 들면 호일이라는 사람은 이렇게 이야기했다.

"아니, 그럴 리가 없다. 우리의 우주라는 것은 무한한 과거에서 무한한 미래에 걸쳐 균일한 상태가 계속되고 있다. 성운이 각각 멀어져 가기 때문에 밀도가 조금씩 감소해 가는 것은 그 밀도가 감소된 공간에 새롭게 물질이 만들어져서 그것으로 밀도의 감소를 보상한다. 이런 형태로 우주는 영원히 같은 상태를 유지하고 있다."

이런 생각 등을 통해 빅뱅 우주인가, 또는 정상 우주인가 하는 논의가 아주 격렬하게 오고 갔다.

우주 탄생의 모델 - 빅뱅 모델

빅뱅 모델을 추진한 중심인물은 가모라는 사람인데 이 사람이 가장 구체적으로 우주 탄생의 모델을 제안했다. 이 모델에 의하면, 최초의 우주는 대단히 고밀도인 중성자의 덩어리인데, 그것이 어떤 순간에 팽창을 시작했다.

잘 알려진 것처럼, 중성자라는 것은 밀도가 큰 원자핵 속에 있는 동안은 안정하지만, 원자핵 밖으로 나오면 자연히 붕괴되어 양성자와 전자, 그리고 반중성미자가 된다는 것이 알려졌다. 그 붕괴하는 평균 수명은 약 1,000초 정도이다.

따라서 가모가 '아일럼'이라고 이름 붙인 고온, 고밀도의 중성자 덩어리가 팽창하기 시작하면 밀도가 내려감에 따라 일부의 중성자가 붕괴되면서 양성자와 전자를 만들어 반중성미자는 그대로 날아가 버릴 것이다.

그렇게 양성자가 생기면 양성자의 플러스 전하에 포착되어 전자가 그 주위에 붙어 수소 원자가 만들어진다. 그렇게 생긴 양성자에 중성자가 충돌하여 결합하면 중양성자라 불리는 입자가 되고, 다시 또 하나의 중성자와 결합하면 삼중 수소의 원자핵, 트리튬이라는 것이 생긴다. 또, 중양성자와 양성자가 충돌하여 결합하면 헬륨3이라는 원자핵이 생겨 그것이 중성자를 흡수하면 헬륨4라는 보통의 헬륨 원자핵이 된다.

이렇게 처음에 중성자 덩어리였던 것으로부터 양성자와 헬륨의 원자핵을 만드는 것은 매우 자연스럽고 쉬운 일이다.

가모는 이 이상으로 무거운 원자핵은 중성자를 많이 결합함으로써 만들어질 것이라고 생각하여 모델 계산을 했는데, 그것은 앞에서 설명한 것과 같이 큰 어려움에 부딪혀 정상 모델을 누르는 데까지도 이르지 못했다.

그 무렵부터 나온 이야기지만, 만일 우주의 시초에 그런 고온, 고밀도 상태가 있었다고 하면, 그 온도에 상당하는 에너지가 매우 높은 전자기파가 날아다녔음이 틀림없다.

우주가 팽창함에 따라서 물질 밀도가 점차 낮아지고 전자기파의 에너지도 내려가면, 빛은 물질 입자와 상호 작용을 하지 않게 되어 자유롭게 날아다닐 수 있게 될 것이다. 시초 무렵의 전자기파가 현재도 자유롭게 우주 공간에 차 있을 거라는 것은 초기의 빅뱅 이론의 모델이 나왔을 무렵부터 나온 것인데, 그 당시의 계산으로 보아 그다지 정확한 추정은 할 수 없었다.

제2차 세계대전 중에 레이더 기술이 급속히 진보하여 전쟁이 끝난 뒤에 그 레이더 기술을 사용해 커다란 발견이 이루어졌다. 먼저 펜지어스와 윌슨이라는 사람이 우주에 가득 차 있는 전자기파를 발견했다. 이것은 전자기파 중에서도 마이크로파라고 불리는 전자기파인데, 정확히 측정해 보면 절대온도에서 2.7K의 온도에 상당하는 전자기파이다. 또 그 강도가 방향에 따르지 않고 매우 일정하다는 것을 알게 되었는데 이는 바로 빅뱅의 모델에 대단히 강력한 실험적 뒷받침이 되었다. 이것이 밝혀져 빅뱅 모델은 아주 많은 사람에게 인정받게 되었다.

이 마이크로파의 강도가 방향에 따르지 않고 매우 균일하다고 했는데, 실은 하나의 예외가 있다. 그것은 어떤 방향에 조금 강도가 강하고, 그 반대 방향으로는 약하다는 것이다. 그런데 이 강도 비등방성이라는 것은 우리의 관측기가 우주의 어떤 일정한 방향을 향해서 움직이고 있다고 해석할 수 있는데, 이렇게 하면 깨끗이 지워져서 남은 비등방성은 어디를 봐도 1만 분의 1 이하의 불균형밖에 없다는 것이 된다.

실은 이렇게 높은 정도(精度)에서의 등방성이라는 것은 우주 최초의 폭발 때 어떤 일이 일어났는가 하는 것에 관해 매우 중요한 제한을 주게 된다. 이 점은 잠시 그대로 두기로 하자.

폭발의 제로점 직후에는?

빅뱅 모델에 의하면 우주의 초기에는 정말로 고밀도이고 고온인 상태가 존재했다. 그것은 시간을 거슬러 올라감에 따라 더욱더 고온·고밀도의 상태였다고 상상할 수 있다.

그렇다면 각 시점에서의 입자—그때 어떤 것이 입자로 존재 하는가 하는 것은 어려운 문제인데, 그들 입자가 충돌할 때의 에너지는 매우 크다. 우리가 지상에 만들 수 있는 어떤 가속기를 사용해도 도저히 도달할 수 없는 높은 에너지로 서로 충돌한 것이 틀림없다.

한편, 소립자에서 설명한 것과 같이 중성자나 양성자라는 것은 실은 진짜 기본적인 물질의 구성 입자가 아니라 보다 기본적인 것으로 쿼크를 생각할 필요가 있다. 쿼크와 쿼크 사이에 작용하는 힘은 글루온이라는 입자를 주고받음으로써 힘이 작용한다는 것은 이미 얘기했다. 따라서 우주 초기의 어떤 단계에서는 쿼크와 반쿼크가 글루온과 함께 날아다녀 뜨거운 수프처럼 되어 있던 시기가 아마도 있었을 것이다.

그 전 단계라는 것은 실은 상당한 상상력을 동원해야 하는데, 더 고온·고밀도 단계에서는 아마 어떤 형태로서의 대통일 이론, 즉 약한 힘, 강한 힘, 전자기적인 힘, 그런 것이 하나로 통일된 이론이 지배하고 있었을 것이라고 상상된다.

다시 폭발의 제로점에 더 다가섰다고 상상해 보자.—얼마만큼 다가섰는지 수치로 말하면, 예를 들면 1초의 100억 분의 1의 100억 분의 1의 100억 분의 1의 100억 분의 1보다도 더 짧은 시간이다. 폭발의 제로점의 극히 직후에는 상상되는 밀도와 온도에서 생각해보면 중력도 다른 3개의 힘과 마찬가지로 하나의 기본 방정식에 조립되어 작용하고 있었다고 생각된다.

여기에서, 우리의 현재 기술이나 지구의 크기에서 오는 제한에 대해 언급하겠다. 예를 들면, 우리의 최신 기술로는 10만 가우스 정도의 강한 초전도 전자석(超電導電磁石)을 만들 수 있다. 10만 가우스의 초전도 전자석을 지구상에서 가장 큰 반지름인 원, 그러니까 적도에, 거기에 빽빽이 배열하여 플러스의 전기를 가진 입자와 마이너스의 전기를 가진 입자를 반대 방향으로 각각 가속하여 서로 충돌시켰다고 하자.

이때 기대할 수 있는 충돌 에너지는 지금 현실적으로 생각하고 있는 가속기 계획보다 더 엄청난 큰 충돌 에너지인데, 그렇다고 해도 우주 폭발의 초기 무렵의 에너지에 비하면 아직 1,000억 배 정도 부족하다. 그만큼 엄청나게 큰 충돌 에너지의 상황을 우리는 어떻게든 이해하려고 하고 있다. 지금 그 때문에 어떻게든 우주 초기 때 만들어진, 현재까지 살아남은 입자를 찾는 실험이 시행되고 있다.

물질은 왜 관측되지 않는가

쿼크, 글루온, 그리고 약한 힘, 전자기적인 힘, 다시 중력까지 통일적으로 단 하나의 이론으로 나타낼 수 있다는 가능성이 지금 진지하게 추구되고 있다. 그것은 바로 우주 폭발의 극히 초기 무렵을 어떻게든 제대로 나타내고 싶다는, 쓸 수 있는 이론을 만들려는 것이다.

최근에 와서(약 10년 동안에) 소립자의 이론 물리학자가 우주 문제를 다룰 기회가 대단히 많아져서 소립자와 우주의 관계는 굉장히 밀접해졌다. 이것은 대단히 좋은 일이다. 그 때문에 이해도 훨씬 진척되었다. 한편으로 지금까지의 관측 성과를 되돌아보면 아직 여러 가지로 모르는 일이 있다. 그중의 하나는 관측되는 것에 한해서 우리가 물질이라고 부르는 것은 많이 보이는데, 반물질이라고 부르는 것은 관측되지 않는다.

따라서 우리 우주는 물질은 있지만, 반물질은 존재하지 않는 세계로 보인다. 그러나 우주의 극히 초기 무렵은 대단히 고온 상태여서 쿼크와 반쿼크는 쌍이 되어 만들어지거나, 쌍으로 찌그러지는 것을 되풀이한 것이 틀림없다고 생각된다.

우주는 원래 어떤 기구로 시작되었는지 아직 잘 모르지만, 극히 초기 무렵은 모든 힘을 통일하는 이론이 작용하는 장소였음이 틀림없다. 또 거기에서는 대칭성이 대단히 잘 유지되었음이 틀림없다고 생각된다.

예를 들면, 철의 한 조각을 보자. 철은 많은 경우에 자기화하여 자석이 되어 있으므로 자석의 방향이 있다. 그것이 의미하고 있는 것은 철 속에서는 모든 방향이 동등하지 않고 자석이 향하고 있는 방향은 어떤 특별히 좋아하는 방향이 있다는 것이다. 즉 공간이 등방적이라는 것이 거기에서는 성립되지 않는다.

그런데 그 철을 어떤 온도(퀴리점) 이상 가열하면 철의 자기장을 만들고 있는 개개의 자기극이 각각 제멋대로인 방향을 향해 어느 쪽도 향하지 않는, 자기장이 없는 상태가 된다. 즉 온도가 높은 상태에서도 등방적이 되어서 대칭성이 좋아진다.

우주의 극히 초기에는 우리가 가속기 실험에서 경험한 온도보다 1조 배나 높은 온도가 있었다. 그런 곳에서는 우리가 생각할 수 있는 모든 대칭성이 유지되었다고 생각된다. 그렇다면 거기에는 반쿼크의 수와 쿼크의 수는 같았을 것이다. 또 그것이 각각 3개씩 결합하여 물질이 되었다면 물질과 반물질은 같은 수만큼 만들어졌을 것이다. 그렇다면 우리에게 보이지 않는 반물질은 어디로 갔는가. 또한 아직 보이지 않는 반우주는 다른 어느 곳에 있는가 하는 문제가 남는다.

그런데 어떤 이론을 생각해봐도 같은 장소에 있던 반물질과 물질이 섞인 것에서 물질과 전자만 어떤 장소로 옮겨서 반물질과 양전자를 다른 장소로 옮기는 것은 큰 규모에서는 절대로 할 수 없다. 만일 바로 옆에 있다면, 그 경계가 되는 곳에서 물질과 반물질이 서로 소멸하여 γ선이 나올 것이다. 그런 γ선도 여러 가지 실험으로 찾아보았으나 전혀 발견할 수 없었다.

어떤 일이 일어났는가?

그렇다면 뭔지는 모르겠지만, 극히 초기의 물질, 반물질이라기보다는 쿼크, 반쿼크 대칭의 시대에서 물질, 반물질 비대칭인 우리 시대에 오기까지 뭔가가 있었음이 틀림없다.

실은, 약한 힘과 전자기적인 힘을 종합한 표준 이론에 강한 힘을 더하려는 대통일 이론의 목표 중 하나는 그것을 설명하는 데 있었다. 그 이론에 의하면, 양성자는 아무것도 하지 않아도 언젠가는 찌그러져서 빛과 중성미자가 된다고 예언되었다. 때문에 10년쯤 전에는 '정말 양성자는 붕괴되는가' 하는 실험이 몇 가지 진지하게 시작되었다.

한편, 여러 가지 타입의 대통일 이론이 있었는데, 만일 대통일 이론이 진짜라고 하면, 아마 자기단극(磁氣單極)이라고 불리는 입자가 만들어졌을 것이다.

자기단극이란

"전기에는 플러스 전하와 마이너스의 전하가 있다. 그런데 자기에는 S와 N이 몇 개 결합된 것만 관측된다. 그러나 이론적으로는, S극만이거나 N극만으로 된 자기극이 있어도 이상하지 않을 것이다. 만일 그렇다면, 그 자기단극의 성질은 이런 것일 것이다."

라는 이론을 디랙은 제안했다.

그 후 대통일 이론을 여러 가지로 조사해 보니, 우주의 초기에는 대통일 이론이 작용하고 있던 시기로부터 점차 온도가 내려가 현재에 이르는 동안에 역시 자기단극이라는 것이 생긴 것이 틀림없다. 그래서 '자기단극을 찾아라' 하게 된 것이다.

이렇게 해서 생각해 낸 자기단극은 우리가 보통 소립자라고 하는 것보다 엄청나게 무거운 소립자로 인공의 가속기에서는 절대로 만들어지지 않는다. 그렇다면 우주 폭발의 극히 초기에 만들어진 자기단극이 우주 팽창과 더불어 속력도 느려져서 흔들흔들 이 근방을 날아다니고 있지 않을까 싶어 세계 몇십 곳에서 찾아보았으나 결국 발견하지 못했다.

암흑 물질의 본체

우주 관측에서 그 밖에도 이상한 일이 알려졌다. 그것은 우주 속에는 우리가 빛으로 관측할 수 있는 물질과는 달리 빛을 전연 내지 않는 물질이 상당히 있지 않는가, 우주 전체로 말하면 90% 정도는 빛으로만 생각했을 때 전혀 모르는 물질이 아닌가 한다.

그것들을 '암흑 물질'이라고 부른다. 성운 정도의 단계라도 어떤 성운을 바라보고 거기에서 오는 빛의 양으로부터 얼마만큼의 질량을 가진 별이 몇 개 있는가를 상정하여, 그것을 전부 끌어모은 질량을 낸다. 그것으로부터 이번에는 별이 모여 있는 덩어리 바깥쪽을 돌고 있는 별을 바라본다. 그 별의 속도는 접근하고 있는지 멀어지고 있는지를 포함하여 스펙트럼의 어긋남으로 관측할 수 있다. 그렇게 되면 별 덩어리의 중심으로부터 이만큼의 거리에 있는 별은 적어도 이만큼의 속력으로 움직인다는 것은 알게 되므로, 이런 측정을 여러 거리에서 실시한다.

어떤 거리만큼 떨어진 곳에 있는 별의 속도는 어느 정도의 중력으로 끌리는가에 따라 결정된다. 예를 들면 성운 속에 있는 전체의 중력, 즉 전질량을 측정하면 빛나고 있는 별에서 나온 질량보다도 대략 한 자릿수 크다. 이런 관측 사실이 쌓이고 있는 것이다.

그럼, 이런 암흑 물질이란 대체 무엇인가. 우주에 관한 학문에서도 소립자를 다루는 학문에서도 이것은 큰 문제이다. 어떤 사람은 그것이 우주 폭발의 극히 초기에 생긴, 우리가 지금까지 보지 못한 입자일 것이라고 한다. 또 어떤 사람은 그것과는 다르고 실은 초(超)끈 이론으로부터 기대할 수 있는 우리의 물질을 만들고 있는 입자군과는 달리, 중력 이외에는 상호 작용이 없는 다른 한 세트의 물질군이라고 하고 있다.

이 초끈 이론도 원래는 시카고대학 난부의 연구에서 발전된 것이다. 소립자는 점 모양이 아니고 끈과 같이 1차원적으로 퍼진 것이라고 생각해 중력의 양자 이론이 잘 성립될 가능성도 나오고 있다.

어쨌든 암흑 물질의 본체는 무엇인가 하는 것은 앞으로도 계속 추구할 것이다.

우주 공간의 자기장

또 하나 얘기해 둘 것은 거의 모든 별에 자기장이 있다는 것이다. 태양에도 자기장이 있고, 가끔 별 속에 있는 강한 자기장이 표면으로 나와 흑점이 되기도 한다. 물론 지구도 자기장을 가지고 있다.

별과 별 사이의 공간에도 더 약하지만 자기장이 있다는 것이 관측으로 알려졌다.

앞에서 설명한 초신성 폭발로 생긴 중성자별은 아마 엄청나게 강한 자기장을 가지며 강한 자석으로 되어 있을 것으로 추정된다. 그 이유는 물질을 대단히 높은 온도로 하면 전자와 원자핵이 벗어나서, 이른바 플라스마라는 상태가 된다. 이 플라스마 상태에서는 전자가 자유롭게 운동하므로 전기 전도도가 아주 좋다. 이론을 통해 확실하게 말할 수 있는 것은, 만일 대단히 전기 전도도가 좋은 플라스마 속을 자기력선이 지나갔다고 하고, 어떤 이유로 이 플라스마가 움직였다고 하면 자기력선은 그 플라스마에 따라 움직이는 성질이 있다.

예를 들면, 태양보다 큰 별을 형성하고 있는 고온의 플라스마가 있는데, 그 별이 어떤 순간에 찌그러져서 아주 작은 별이 되었다고 하자. 그러면 빠져들어 가는 각각의 플라스마가 최초에 가지고 있던 자력선을 가지고 한 곳에 모인다. 따라서 생성된 중성자별은 엄청나게 강한 자석이 되어 있을 것이다. 추정하면, 1조 가우스라는 세기의 자기장을 가져도 이상하지 않다.

보통 별은 회전하고 있는데, 지구의 경우처럼 회전축은 반드시 자석의 축과 일치하지 않는다. 벗어난 자기극이 있어서 그것이 빙글빙글 돌 때 맥스웰의 전자기학에 의하면 자기장의 시간 변화에 유래하는 전기장이 만들어진다. 엄청나게 강한 자기장으로부터 엄청나게 강한 전기장이 만들어지고, 그 전기장으로 가속되어 전자가 달리기 시작한다. 그렇게 되면 우리가 지구상에서 관측하고 있는 우주선은 혹시 그런 장소에서 강한 전기장에 의해 가속된 것일지도 모를 가능성도 떠오른다.

그렇다면 그렇게 가속된 에너지의 높은 입자가 주위의 가스 원자핵과 충돌하면, 이번에는 음양의 π중간자와 중성의 π^0중간자를 만든다. 이런 식으로 만들어진 대단히 에너지가 큰 π^0중간자는 금방 2개의 γ선으로 붕괴된다. $\pi^+(\pi^-)$가 진공에 가까운 곳을 달리면, 이번에는 μ^+와 μ중성미자(μ^-와 반μ중성미자)로 붕괴된다.

전하를 가진 입자, μ^+라든가 μ^-는 앞에서 설명한 성간 자기장으로 휘어지므로 어디로 갈지 모르지만, 전하를 가지지 않은 선이라든가 중성미자는 곧바로 달려가므로, 혹시 고에너지 γ선이나 고에너지 중성미자를 관측함으로써 '우주선의 원천'을 발견하게 될지도 모른다.

그것을 찾는 실험은 많이 있었고 발견되었다는 보고도 있다. 또한 중성미자에 의해 만들어진 μ입자를 관측하여 이 별은 고에너지의 중성미자를 내고 있다는 보고도 있는데 중성미자에 관해서는 아직 확실한 데이터라고는 할 수 없다.

1987년에 일어난 대마젤란성운 속 초신성이 폭발할 때 생성된 중성자도 아마 강한 자기장을 가지고 있을 것이다. 최근 그 별이 대단히 빨리 회전하고 있는 것 같다는 데이터가 발표되었는데, 그렇다면 가속이 생겨도 이상하지 않다.

이런 이유로 가미오카 실험도, 세계의 여러 가지 실험 설비도, 대마젤란성운의 초신성 방향에서 과연 에너지가 큰 γ선이 오는지 아니면 에너지가 큰 중성미자가 오는지 현재 관측이 진행되고 있다.

대통일 이론의 신빙성을 검증한다

대통일 이론이라고 했는데, 이 이론이 실제 적용되는 고에너지의 입자 충돌이 지구에서는 도저히 실현될 수 없는 것이라면, 대체 그 이론이 정말로 자연을 기술하는 데 올바른 이론인가 아닌가를 어떻게 실증하면 될까.

또 대통일 이론에서 가장 간단한 형식의 이론은 이미 가미오카의 양성자 붕괴 실험 등에서 부정되었는데, 더 다른 형식의 이론은, 예를 들면 '초대칭'이라고 불리는 성질, 이것은 쿼크에도 γ선에도, 모든 입자에 고유 각운동량이 다른 상대를 생각하는 이론인데, 만일 이 성질을 도입한 이론이 올바르다면 그때 도입되는, 우리가 본 일도 없는 새로운 입자도 우주의 극히 초기에는 많이 만들어졌음이 틀림없다.

그 새로운 모든 입자의 대부분은 질량이 커서 다른 입자로 붕괴되는데, 새 입자 중에서 질량이 가장 작은 입자는 질량이 큰 입자와 같은 입자로 붕괴하는 것이 에너지적으로 불가능하므로, 우주의 극히 초기부터 지금까지 계속 살아 있을 것이다.

그들 입자는 우주의 팽창과 더불어 점차 에너지를 잃고, 즉 속도가 늦어져서 은하계 안, 또는 태양계 근처에서 날아다니다가 태양의 중력에 잡혀 태양 속으로 끌려들어 가는 경우도 일어날 것이다.

태양이 생성되고 나서 수십억 년의 시간에 걸쳐 축적된 새 입자, 여기에는 초대칭 입자뿐만 아니라 예를 들면, 자기단극자 같은 것 등을 떠올릴 것이다. 우리는 지상의 관측으로 그런 입자를 검출할 수 있을 것인가.

그런데 지상에서 아무리 큰 검출기를 만들어도 그런 입자가 뛰어들어와 '아, 이것이 초대칭 입자다' 또는 '이것이 자기단극자다'라고 하며 볼 수 있게 될 가능성은 거의 없다. 이것은 세계의 수천 톤급의 실험(가미오카 실험도 포함하여) 결과로 이미 알려져 있다.

그러나 태양은 훨씬 큰 질량이므로, 더욱이 지금 이 순간만이 아니고 과거 40억 년쯤 사이에 축적되었다는 것을 생각하면, 태양 속에 그런 입자가 만약 잡혀 있다면 훨씬 감도가 좋은 탐색을 할 수 있다. 실은 그것은 이미 실시되고 있다.

예를 들면 초대칭 입자가 포착되어 있다면, 평균적으로는 그것과 같은 수의 반입자도 포착되어 있을 것이다. 그렇다면 그들 입자는 태양 속을 움직이는 동안에 점차 에너지가 작아져서 아마 태양의 중심에 모여들 것이라고 생각된다.

그렇게 되면 입자와 반입자가 만나서 쌍소멸(雙消滅)이라는 현상을 일으켜서 다른 입자를 몇 개 만들 것이다. 그때 초대칭 이론의 도움을 받아 어떤 입자가 얼마만큼의 에너지를 내는가를 추정할 수 있다. 특히 중성미자가 얼마만큼의 에너지로 평균 몇 개가 나오는가도 추정할 수 있다. 다른 입자는 태양 밖으로 나올 때까지 몇 번이나 상호 작용을 되풀이하므로, 어미의 초대칭 입자에 관한 정보는 지구상의 검출기에 도달하지 않는다. 그러나 중성미자를 요행히 포착할 수 있으면 어미 입자에 관한 직접적인 정보를 얻을 수 있다.

중성미자를 검출할 수 있는 상당히 큰 검출기로 중성미자가 정말로 태양에서 왔는지 판정할 수 있다. 또 그 중성미자의 에너지를 측정할 수 있으면 실제로 초대칭 입자가 태양 속에 축적되어 있는가 하는 것도 알아낼 수 있다. 실제로 이런 탐색은 세계 여러 곳에서 실시되고 있는데 아직 이렇다 할 신호는 얻지 못하고 있다.

이러한 탐색은 자기단극자에도 실시되었다. 자기단극자란, 간단하게 말하면 자석의 N극만이거나 S극만인 것인데, 대통일 이론이 어떤 형태로든 진실이라고 하면 우주 초기에 많이 만들어졌을 것이다. 그러나 세계의 여러 실험에도 불구하고 아직 이렇다 할 발견은 없다.

또한 태양 속에서 자기단극자가 포착되었다면, 자기단극자라는 것은 기묘한 성질을 가지고 있어서, 이것이 촉매 작용을 하여 양성자 붕괴를 일으키게 하는 작용을 한다(루비코프 효과). 따라서 만일 태양 속에 상당수의 자기단극자가 축적되어 있다면, 각각의 자기단극자가 그 부근에 있는 양성자를 붕괴시켜서 π중간자 등을 만들 것이다.

π중간자 중에서 플러스 전기를 가진 것 중 몇 퍼센트는 양의 전하를

가진 μ로 붕괴될 것이다. μ^+는 원자핵에 흡수되지 않기 때문에 양전자와 중성미자의 두 가지(즉 전자 중성미자와 반중성미자)로 붕괴될 것이다.

이들 중성미자 중 전자 중성미자는 앞에서 설명한 것처럼 전자와의 탄성 충돌로 검출하는 것이 가능하다. 또 그때 기대되는 중성미자의 에너지는 대략 3500만 전자볼트 정도라는 것도 알려져 있다. 따라서 만일 그런 사상이 태양의 방향에서 온 중성미자에서 일어나고 있다면 이것은 상당히 확실한 신호가 될 것이다.

가미오카 실험에서도 이 방법으로 자기단극자를 탐색했는데 아직 발견하지 못했다. 그러나 다른 실험보다 엄청나게 엄격한 자기단극자의 존재 제한을 주고 있다. 이것은 태양과 같은 큰 질량의 수십억 년에 걸친 누적 효과를 활용하여 태양을 실험 장치의 일부로 사용했기 때문에 얻은 것이다.

인플레이션 우주라는 생각의 도입

그럼, 당연히 만들어졌어야 할 자기단극자는 대체 어디로 갔을까.

우리는 소립자 이론을 적용함으로써 우주의 극히 초기 무렵의 일을 차츰 이해했을 것이다. 그러나 과학 진보의 상례와 같이 새로운 이해가 있으면 또다시 새로운 어려움이 나타난다. 자기단극자는 어디로 갔는가, 물질과 반물질의 비대칭은 대체 어떻게 생겼는가, 또 앞에서 설명한 2.7K의 마이크로파인 전자기파는 왜 그렇게 높은 정도로 균일한가 등의 문제가 나온다.

그런 설명할 수 없는 것이 나와서 그것을 해결하기 위해 이론 물리학자들이 이번에는 '인플레이션'이라는 것을 들고 나왔다. 그것은 우주의 극히 초기 어떤 단계에서 우주가 상전이(相轉移)를 일으켰다는 생각이다.

'상전이'란 어쩐지 익숙한 말인데, 예를 들어 물의 온도가 점차 내려가면 얼음이 된다. 같은 '물'이라는 물질이지만, 액체인 물과 고체인 얼음은 또한 성질이 상당히 다르다. 그런 일이 우주의 극초반에 일어났다는 것이다.

그렇다면 상전이가 일어나는 방식은 몇 군데에서 씨앗이 되는 새로운 상태의 입자가 몇 군데에 생기고, 그것이 점점 성장해서 새로운 상태의 영역이 퍼져간다고 생각된다. 상세한 설명은 아직 결정타가 없어서 피하겠지만, 어쨌든 그런 새로운 상태의 작은 거품이 급속이 팽창했다.

그래서 '인플레이션'이라는 이름이 붙여졌는데, 그 인플레이션이 어떤 단계에서 끝나서, 그 후 보통 의미에서의 우주 팽창이 있었다. 그리고 인플레이션이 멎었을 때 상전이의 숨은열에 의해서 다시 우주가 가열되었다. 만일 이것이 정말이라면, 원래 매우 미소한 부분에서 급격히 확대했으므로 그전에 많이 만들어진 자기단극자는 미소한 부분에 포함되는 아주 적은 양이었다고 생각된다. 그리고 또 하나는 그런 미소한 부분이 급격히 팽창했으므로 그 어떤 부분도 매우 균일할 것이다. 인플레이션이 끝났을 때, 또 숨은열이 나와서 가열되었다는 것을 교묘히 사용하면 물질과 물질의 비대칭성을 설명하기 편리하다.

여러 가지 논의가 있지만, 어떤 형태로 우주 초기의 어떤 시기에 인플레이션이라는 일이 생긴 것은 대체로 틀림없는 것 같다.

빅뱅은 어디까지 다가설 수 있는가?

그럼 약 150억 년이나 옛날에 일어난 빅뱅에 이론뿐 아니라 실험적으로 어디까지 다가설 수 있는가 생각해 보자.

앞에서 설명한 2.7K의 마이크로파는 빅뱅에서 약 30만 년이 지난 무렵 자유롭게 우주를 날아다니기 시작했다고 생각된다. 그 무렵, 우주의 온도는 4000K 정도로 그 이전에 생성된 H^+, D^+, $^3He^{++}$이나 $^4H^{++}$의 이온이 전자를 포착하여 중성 원자가 되어 이미 이 온도의 복사 흡수가 없어졌기 때문이다. 그래서 이 마이크로파를 실험적으로 상세히 조사하면 그 무렵까지 거슬러 올라가는 것이 가능하다. 성운과 같은 구조가 생기기 시작한 것은 빅뱅에서 약 1만 년 지난 뒤부터이다.

중성미자도 빛과 같이 물질 입자와 상호 작용을 하지 않게 되면서 자유롭게 우주를 날아다니고 있을 것이다. 현재의 온도는 2K라고 추정된다. 중성미자의 경우에는 약한 힘밖에 작용하지 않으므로 물질과의 분리는 빛의 경우보다 훨씬 빨리 일어난다. 매우 낮은 에너지인 우주 중성미자를 관측하는 것은 퍽 어려워서 아직 성공할 전망은 희박한데 이것이 성공하면 단번에 빅뱅에서 1초 정도의 시점까지 다가설 수 있다.

쿼크와 글루온 상태에서 중성자와 양성자 상태로 상전이 하는 것은 빅뱅에서 대략 100만 분의 1초 정도의 무렵이다. 그로부터 약 100초 동안에 앞에서 설명한 가모의 아일럼처럼 H^+, D^+, $^3He^{++}$나 $^4He^{++}$를 만드는 것이라고 생각된다. 우주 초기에 이들 원소(또한 극미량의 리튬도)가 어떤 비율이었는가를 오랜 세대의 별 스펙트럼 분석 등으로 조사하는 것은 빅뱅에서 약 100초 후의 상태를 관측하는 것에 해당한다. 1989년 8월에 시작된 CERN의 거대한 전자 양전자 충돌 장치로 Z^0의 정밀 측정을 하는 것은, 하나는 중성미자의 종류는 과연 3종류인가, 4종류인가를 결정하기 위해서이다. 그러나 그 결과 4종류의 중성미자가 있다면 이들 원 소비의 기댓값을 대폭적으로 바꿀 수 있게 된다. 또 빅뱅에서 100만 분의 1초 후의 우주의 물질 밀도는 1㎤당 100억 톤 정도인데, 이것은 원자핵의 밀도보다 큰 값이다.

빅뱅에서 1000억 분의 1초 이내에서는 소립자의 표준 이론에서 나온 Z^0나 $W^\pm$가 날아다니면서 전자기력과 약한 힘은 정말로 통일된 형태로 작용하고 있었을 것이다. 대형 가속기 실험으로 표준 이론의 정밀 테스트, 또는 어디서 표준 이론이 깨졌는가를 탐색하는 것은 빅뱅에서 1000억 분의 1초에 다가선 것에 해당한다.

더 거슬러 올라가서 빅뱅에서 1초의 1조 분의 1의 1조 분의 1의 다시 100억 분의 1 이내의 시기는 앞에서 설명한 대통일 이론(어떤 형식으로든 강한 힘과 약한 힘-전자기력과의 통합)의 세계에서 자기단극자의 탐색이나 양성자 붕괴의 탐색, 또는 살아남은 초대칭 입자의 탐색은 우주 시작의 이 시기에 다가서려는 것이다. 또한 이 무렵에 어떤 형태로든 인플레이션이 일어났다고 생각된다.

더 거슬러 올라가서 빅뱅에서 10^{-45}초, 즉 1초의 1조 분의 1의 1조 분의 1의 1조 분의 1의 다시 10억 분의 1 정도의 시간 내에는 중력도 포함한 모든 힘이 통합된 이론이 지배하는 세계이며, 이 무렵의 전 우주의 지름은 1㎜ 이하였을 것이다. 현재의 초끈 이론이 이 최후 이론을 어느 정도 반영하고 있는가, 또 한편에서는 초끈 이론을 실험적으로 검증하는 데는 어떻게 하면 되는가 등이 현재 커다란 과제의 하나가 되고 있다.

'열린 우주'와 '닫힌 우주'

그렇게 되면 우리 우주뿐만 아니라, 다른 입자가 팽창한 우주도 많이 있을 것이다. 우리가 듣고 보는 우주는, 실은 우리가 절대로 관측할 수 없는 무수히 많은 우주 중의 하나일 것이다.

또 지금까지 논의해 온 것은 우주의 극히 처음 무렵, 즉 대폭발 가까운 곳인데, 지금부터 다시 긴 시간이 지난 미래는 어떻게 될까 하는 것이 있다. 물리학이 자연 현상의 궁극적 이해를 목표로 하는 이상 우주의 장래도 이해하고 싶다.

우주의 전질량이 그다지 크지 않다면, 대폭발로 팽창하기 시작한 우주는 시간이 지남에 따라서 점차 팽창 속도가 줄어들지도 모르겠다. 하지만 물질의 양이 그렇게 크지 않으면 그것이 미치는 중력은 궁극적으로 날아가는 먼 성운을 언젠가는 멎게 하고, 다시 앞으로 되돌릴 수는 없다. 그런 우주를 '열린 우주'라는 이름으로 부르기도 한다.

그 반대로, 만일 우주의 전질량이 충분히 크다고 해보자. 그러면 날아간 성운도 마지막에는 그 중력으로 인해 날아 떨어져 가는 속도가 점점 늦어지고, 드디어는 멎고 그 뒤에는 다시 원래 위치로 되돌아오는 일이 일어날 것이다. 그렇게 되면 우주는 어떤 시점에서 팽창에서 수축으로 전환한다. 이런 우주를 '닫힌 우주'라고 한다.

이 두 가지 경우의 꼭 경계가 되는 우주의 질량은 특별한 의미가 있다. 실은 인플레이션 우주에서 예측되는 것은 바로 이런 특별한 질량을 우주가 가져야 한다고 요구한다.

대체 우주가 팽창에서 수축 상태에 들어갔을 때 만일 인류의 자손이 살아 있었다면 물리학을 만들었을까 상상해보면 상당히 흥미롭다. 이런 일에 관해서 최근 천문학보다 우주론 쪽에서 대단히 큰 진보를 얻고 있다. 그것은 영국의 스티븐 호킹의 우주론인데 이것으로 들어가면 너무 전문적이어지므로, 이쯤에서 이 장을 마친다.

5장

친근한 태양의 일과
중성미자 천체물리학의 탄생

친근한 태양의 일과
중성미자 천체물리학의 탄생

어머니인 태양

우리의 가장 친근한 항성으로, 또한 우리의 에너지 원천이기도 한 태양에 관한 연구는 많다.

예를 들면, 태양광의 스펙트럼 분석을 해서 표면 온도 외에 태양 표면의 원소가 각각 어떤 비율로 존재하는가를 측정했다. 그 결과 수소나 헬륨 이외에도 더 무거운 원소가 존재한다는 것이 알려져 있다. 그러므로 우리의 태양은 우주가 폭발한 극히 초기의 물질이 모여서 만들어진 별이 아니다. 몇 개의 별이 초신성 폭발을 일으켜 그때 만들어진 원소를 우주에 흩뿌렸는데, 태양은 그 뒤의 우주 물질이 모여 만들어진 별, 즉 제2세대 이후의 별이라는 것을 알게 되었다.

그래서 태양의 광도(단위 시간당 방출하고 있는 전에너지)와 표면 온도로 판단하여 태양을 별의 분류로 말하면 주계열(主系列)에 속한다. 앞에서 설명한 것과 같이 그 내부에서 4개의 양성자가 결합되어 1개의 헬륨 원자핵으로 핵융합한다. 그때 얻은 결합 에너지가 태양을 오래도록 빛나게 하는 에너지원이 된다.

이때 4개의 양성자 중에서 2개의 양성자는 약한 힘에 의해서 중성자 2개로 변해야 하는데, 최종적으로 ^{4}He의 원자핵이 될 때까지 도중에 몇 가지 다른 경로를 지나는 것이 가능하다. 어느 경로를 취하는가에 따라서 어느 단계에서 약한 힘이 작용하는가가 다르고, 그 결과 태양에서 나오는 중성미자는 각각 다른 에너지 분포를 가진 것의 겹침이 된다.

이들 반응은 태양의 중심 가까운 깊은 곳에서 일어나고 있는데, 중성미자는 약한 힘밖에 갖지 않으므로 자유롭게 태양 밖으로 튀어나올 수 있을 것이다. 단, 이 점에 대해서는 뒤에서 조금 설명하겠다.

데이비스의 측정과 태양 중성미자의 퍼즐

여러 가지 에너지 분포를 가진 중성미자 중에서 에너지의 차이에 따라 관측하기 쉬운 것과 어려운 것이 있다. 만일 훨씬 낮은 에너지에서 가장 높은 에너지까지 전부 정확하게 에너지 분포를 측정할 수 있다면 태양의 내부에서 핵융합 반응의 어떤 채널이 어느 정도의 비율로 일어나는지 전부 측정할 수 있을 것이다. 그렇게 되면 태양의 온도나 밀도, 원소의 분포에 관해서 대단히 상세한 정보를 얻을 수 있을 것이다. 그러나 유감스럽게도 우리의 측정은 그와 관련해서는 아직 대단히 먼 단계에 있다.

일반적으로 검출하기 쉬운 중성미자는 에너지가 높은 중성미자이다. 태양 중성미자 중에서 ^8B(붕소)를 경유해 생기는 전자 중성미자가 가장 에너지가 높은 그룹을 만들고 있다. 그 중성미자를 주요 목적으로 미국의 데이비스라는 학자가 20여 년 전부터 지하 깊은 곳에 염소(Cl)를 많이(수백 톤) 함유한 액체에 넣고 실험하고 있다. 그 염소 속에는 동위 원소의 하나인 ^{37}Cl이 어떤 비율로 함유되어 있다. ^{37}Cl의 원자핵은 전자 중성미자를 흡수하고 전자를 방출하여 ^{37}Ar(아르곤)이라는 원자핵이 된다.

태양의 광도에서, 또 여러 가지 원자핵 반응의 데이터에서 ^8B를 경유하는 중성미자가 얼마나 되는지 하는 태양에 관한 여러 가지 계산을 하고 있다. 이를 통해 추정해 봐도 겨우 수백 톤의 액체 중에서는 ^{37}Ar의 원자가 하루에 1개 생기거나 아닐 경우의 비율이다. 따라서 대단히 어려운 실험이다.

더욱이 이러한 실험에서는 언제 아르곤 원자가 만들어졌는지는 모른다. 또 측정하는 것은 ^{37}Ar의 수뿐이므로 반응을 일으킨 중성미자가 어느 방향에서, 얼마만큼의 에너지가 생겼는지 모른다.

이런 이유로 이상적인 태양 중성미자 측정이라고 말하기 어렵다. 데이비스는 고생하면서도 ^{37}Ar의 원자가 만들어지고 있는 비율을 실험 데이터로 잡고 있다. 그 결과 아무래도 태양 이론에서 예측되는 것의 3분의 1 정도의 중성미자밖에 오지 않는다는 결과를 내놓고 있다.

이 실험값과 기댓값이 크게 다른 것이 태양 중성미자의 퍼즐이라는 문제이다. 어쩌면 데이비스가 계산에 넣지 못한 어떤 다른 원인에 의한 백그라운드가 아직 있을지도 모른다는 의심을 씻을 수 없다.

왜 중성미자는 기대보다 적은가 – 설 1

이것은 실은 큰 문제이다. 당연히 태양 모델 자체가 좀 이상한 것은 아닐까, 특히 프린스턴의 이론 물리학자가 열심히 '태양의 표준 모델'까지 만들었는데, 하나는 중성미자의 수는 여러 가지 조합으로 일어나는 원자핵 반응으로부터 계산하는데 그 반응률의 어느 것인가 잘못되어 있지 않을까, 하고 생각할 수밖에 없다. 그와 관련한 체크가 지금까지 여러 곳에서 실시되고 있다.

또한, 우리가 현재 표준 모델로 예상하고 있는 것보다도 핵융합 반응이 일어나고 있는 장소의 온도는 아주 낮지 않은가 하는 가능성이다. 어느 핵반응도 플러스의 전기를 가진 입자끼리 서로 결합하지 않으면 진행되지 않는다. 그러나 같은 부호의 전기는 반발한다. 그것을 뛰어넘는 것은 온도에 의한 운동 에너지이다. ^8B는 ^7Be(베릴륨, 전기량 4)에 양성자(전기량 1)가 결합되어 생기는데, 이 경우에는 쿨롱의 반발력도 특히 강한 효과가 있다. 그렇게 되면 온도가 조금 내려가서 입자의 평균 운동 에너지가 미소하게 내려가도 결합되는 확률이 크게 내려가 버린다. 그러므로 온도를 조금 내린다는 것은 ^8B의 중성미자를 특히 목표로 하여 수를 적게 한다.

이것도 실은 표면에서부터 쭉 채워진 심의 온도와 비교해서 왜 더 온도가 낮아질 수 있는가 하는 문제를 설명해야 한다. 그 설명의 하나

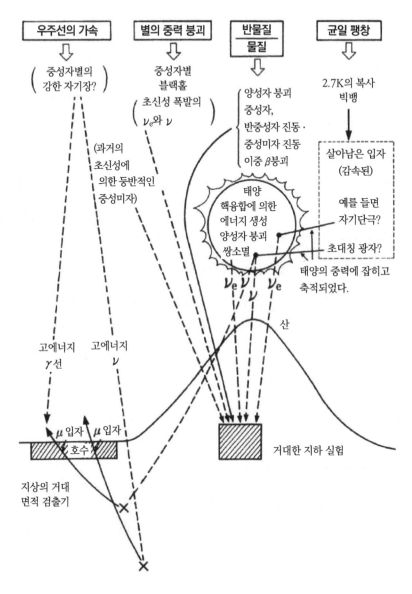

그림 5-1 | 우주에 대한 몇 가지 화제

는, 예를 들면

'어떤 약한 상호 작용인 입자가 태양의 중심 가까운 곳에 상당히 차 있다면, 그런 입자가 상호 작용을 하여 그 결과 중심부의 에너지를 밖으로 가지고 나온다. 그렇게 되면 중심부의 온도가 조금 내려간다.'

이런 제안도 나오고 있다.

한편에서는, 태양의 물리학도 관측이 상당히 진척되어 현재 양진(陽震)이라는 현상이 대단히 상세하게 조사되고 있다. 지구의 지진을 상세히 관측함으로써 지구 내부에 왜 층이 있고, 그 밀도는 얼마만큼인지 여러 가지 지구 내부에 관한 것을 알게 된다. 태양 진동을 조사하는 것으로도 태양 속이 점차 정확하게 알려지고 있다. 이것을 조사하는 것 또한 도플러 효과를 사용한다. 태양 표면을 세분하여 그 각각에서 스펙트럼선이 어느 방향으로 얼마만큼 벗어나는가를 장기적으로 계속 관측한다. 그것에서 얻은 데이터의 해석은 아직 최종적인 결론, 즉 누구나가 인정하는 결론이 나온 것은 아니지만 온도가 내려가 있다고 하는 사람도 있다.

왜 중성미자는 기대보다 적은가 - 설 2

또 다른 모양을 설명한 사람이 있다. 이탈리아에서 소련(현 러시아)으로 망명한 폰테코르보라는 학자가 말한 것인데, 예를 들면 중성미자는 정지 질량이 수학적으로 제로가 아니고 아주 미소하게라도 있었다고 생각해 보자.

그렇다면 태양의 심에서 만들어졌을 때는 전자 중성미자였던 것이, 지구에 도달할 때까지 양자역학적인 진동을 일으켜서 μ중성미자로 변하거나 τ중성미자로 변할 가능성이 생긴다.

만일 진동하는 주기가 중성미자가 태양에서 지구에 도달하는 시간보다 훨씬 짧으면 그 변화하는 진동이 많이 일어나고, 그 결과 지구에 도달했을 때 처음에는 전부 전자 중성미자였던 것이 3분의 1은 τ중성미자로, 3분의 1은 μ중성미자로, 그리고 나머지 3분의 1만 전자 중성미자가 된다는 설명이 가능해진다.

실은 변하는 진동주기는 각각의 중성미자의 정지 질량이 서로 얼마나 다른가 하는 것과 관계가 있다.

그런 모델로 생각하면, 중성미자의 정지 질량의 차는 각각 아주 작은 차라도 가능한데, 이보다 매력 있는 설명이 수년 전에 러시아의 이론 물리학자에 의해서 제출되었다.

그것이 어떤 것인가 하면, 태양의 중심 부근은 물질 밀도가 대단히 높고, 당연히 전자 밀도도 높다. 전자 중성미자는 물질 속에서 μ중성미자나 τ중성미자와는 조금 다른 행동을 한다. 왜냐하면 전자 중성미자는 전자와 충돌하여 산란하는 확률이 μ중성미자나 τ중성미자보다도 조금 크기 때문이다.

이런 사실을 적극적으로 사용하면, 심 가까이에서 전자 중성미자로서 만들어진 중성미자가 그 전자 밀도가 높은 중심 부근에서 전자 밀도가 낮은 태양 표면으로 나올 동안에(이것도 양자역학적 변화인데) 대단히 효율적으로 μ중성미자로 변한다는 이론을 냈다. 이 이론은 인기가 대단해서, 앞에서 설명한 미국의 데이비스의 결과를 설명하기 위해서는 질량의 차이는 이런 정도가 아니면 안 된다는 제한을 붙였다.

일반적으로 이런 모델을 '중성미자 진동 모델'이라고 하는데, 실은 중성미자의 질량이 정말로 제로인가 아니면 적어도 유한인가 하는 것은 대단히 중요한 문제이다. 대통일 이론의 어떤 타입의 것에서는 중성미자의 질량이 제로이면 안 되게 되어 있다.

이 중성미자의 정지 질량 문제는 삼중 수소의 β 붕괴 때 나오는 전자의 에너지 분포를 월등히 좋게 측정하는 것으로도 추구하고 있다. 또한 우리가 관측한 마젤란성운의 초신성으로부터의 중성미자의 데이터도 사용하여 중성미자의 정지 질량의 상하도 내고 있는데, 중성미자 진동 쪽에서 이 근방일 것이라고 하는 질량은 그보다 엄청나게 적은 질량 차를 가진 영역 이야기이다.

인지된 '중성미자 천문학'

태양 중성미자의 관측에서 역시 가장 바람직한 것은 태양의 방향에서 오고 있다는 것을 확인한 뒤에 지금 신호가 도달한 시간도 알게 되고, 그것으로부터 될 수 있으면 어떤 에너지 분포를 하고 있는가를 알아내는 일이다.

양성자 붕괴 탐색을 노린 가미오카 실험을 시작하고 얼마 후에 알게 된 것은, 이 세계 최대의 광전자 증배관을 설치한 덕분에 실험이 좀 더 진척되면 태양의 전자 중성미자가 물속의 전자에 충돌하여, 튀어나온 전자를 관측함으로써 앞에서 말한 3개의 조건을 만족시키는 형식으로 태양 중성미자를 관측할 수 있을 것 같다는 것이다. 그 때문에 미국 그룹에도 권유하여 참가시켜 가미오카 실험의 개수 공사를 시작했다.

결국 1986년 1월부터 태양 중성미자의 관측을 시작했는데, 그것에서도 백그라운드를 줄이기 위해 여러 가지 수단을 강구해 1987년 1월 무렵에는 상당히 깨끗하게 태양 중성미자의 신호를 포착할 수 있게 되었다.

그러자 2월에 대마젤란성운으로부터 초신성 폭발의 중성미자를 관측할 수 있게 되어 조금은 화제가 되었는데, 그 뒤에도 가미오카 실험은 보다 깨끗한 태양 중성미자의 신호를 정확하게 계속 포착했다. 최근 발표한 논문에 실은 태양 중성미자의 관측 결과도 정확하게 태양 방향으로부터 오고 있는, 에너지 분포는 이런 형태를 하고 있다는 것을 보여주고 있다.

그 결과로부터 말할 수 있는 것은, 역시 태양으로부터 오는 ^{8}B의 중성미자는 표준 모델보다 상당히 적다는 것이다. 그러나 데이비스가 앞에서 말한 만큼 적지는 않고 절반보다도 조금 적은 정도였다.

에너지 분포를 보면, 아직 수가 그렇게 축적되어 있지 않으므로 좋게 말할 수 없지만, 대체적으로 기대되는 ^{8}B의 중성미자의 에너지 분포와 비슷하다. 단, 그 양이 절반보다 조금 아래로 되어 있다. 그러면 데이비스가 지금까지 말한 3분의 1 이하라는 것과 이것이 모순되는가 하면 반드시 그렇지는 않다. 대체로 같은 시기의 데이비스의 데이터와 비교하면 통계적 정도로만 봤을 때는 모순되지 않는다.

훨씬 질이 좋은 측정을 통해 태양 중성미자 퍼즐은 여전히 존재하는 것이 분명해졌다. 이번에는 대체 그 퍼즐은 어떻게 일어났는가 하는 추구가 바로 새로운 단계로 들어갔다.

앞에서 설명한 것처럼, 초신성 폭발 때 중성미자 관측에서는 그 중성미자의 도래 방향을 몰랐는데, 이번에는 도래 시각과 그 에너지 분포가 정확하게 측정되었다. 앞에서 얘기한 태양 중성미자 관측 때는 세 가지 모두 정확하게 만족한 측정이었다.

그러면 천문학이란 어떤 조건이 만족되어 성립되는 것인가를 깊이 파고 들어가 생각해보자. 천체에서 어떤 종류의 신호가 어느 방향으로부터 언제 도달되었는가를 알게 되면 천문학이 시작된다. 그리고 다시 에너지 분포도 정확하게 측정하면 태양 표면으로부터의 빛을 프리즘으로 조사해 스펙트럼 분포로부터 원소 조성을 알 수 있었던 것처럼 이 신호에 의한 천체물리학도 연구할 수 있다.

그런 의미에서 1987년부터 1989년에 걸친 초신성 중성미자와 태양 중성미자의 관측에 의해 중성미자 천체물리학은 일본에서 탄생했다고 해도 무리가 없다. 또한 세계의 많은 사람이 그렇게 인정하고 있다.

6장

앞으로의 일

앞으로의 일

지금까지 소립자에 대한 이해와 우주에 대한 이해를 살펴보았다. 특히 소립자에 대한 이해가 시작된 직후의 우주의 이해, 이 둘이 밀접하게 관계하고 있어서 한쪽 이해가 다른 쪽 이해를 돕는 관계가 되어 있다는 것이 개략적이라도 이해되었으리라 생각한다.

일본에서 탄생한 중성미자 천체물리학

20세기도 가고 21세기가 눈앞에 있다. 앞으로 일본을 어떻게 다음 세기에서 기초 과학의 기수 중 한 국가로 끌어갈 수 있는가 하는 것을 생각해 보려고 한다.

이미 설명한 것처럼 중성미자 천체물리학이라는 기초 과학의 한 분야는 일본에서 태어난 것이다. 외국에서 일본은 기초적인 학문에 기여하지 않고, 주로 산업에 결부하는 개량에만 힘을 쓰고 돈만 번다는 비난도 있는 가운데 적어도 이 분야는 일본이 탄생시킨 것이다.

그러면 어떻게 하면 이 분야에서 일본이 리드를 계속할 수 있을까. 여러 가지가 생각이 들지만, 그 구체적인 계획을 설명하기 전에 세계에서 이 분야의 어떤 계획이 고려되고, 또는 실시되려고 하는가를 대충 살펴보자.

서양의 연구 현황

미국에서 작동되고 있던 가미오카보다 큰 물 체렌코프형의 검출기 (7천 톤)는 초신성 폭발의 중성미자 검출 때 일본의 가미오카 실험의 데이터를 금방 추인하는 결과가 나왔는데, 이것이 곧 폐쇄된다고 들었다. 역시 얻는 질과 그 감도를 진지하게 고려해야 할 시대로 접어들었다고 생각된다.

또 비슷한 물 체렌코프 방법을 사용한 큰 지하 실험이 캐나다에서 승인되었다고 들었다. 이것은 1000톤의 중수(重水)를 사용한 가미오카형 장치인데, 그 목표는 중수를 사용함으로써 그것에 함유되어 있는 중양성자 속의 중성자를 표적으로 해서 태양으로부터의 전자 중성미자를 포착하려는 계획이다. 중성자를 표적으로 했을 때 전자 중성미자의 반응은 전자를 표적으로 했을 때의 반응보다 일어나기 쉬우므로, 같은 톤수라도 얻는 사상의 수가 훨씬 많아질 것이다. 그러나 각도 분포면에서는 넓은 각도 분포가 되므로 신중한 해석이 필요하게 될 것이다. 또 하나, 중양성자는 전자 중성미자뿐만 아니라 다른 종류의 중성미자, μ중성미자라든가 τ중성미자에 대해서도 반응하여 양성자와 중성자로 분해한다. 이 실험은 전자 중성미자 이외의 중성미자도 이 중양성자 분해의 사상을 검출하여 측정하려고 하는데, 아마 이 검출은 매우 어려울 것으로 보인다. 이 실험에는 미국의 물리학자도 참가하고 있다.

한편, 유럽에서는 오래전부터 중성미자 천체물리학에 흥미를 가지고 있던 러시아의 물리학자가 바쿠산이라는 산속에 지하 실험실을 오랜 시간에 걸쳐 만들고 확장했는데, 그 속에 몇 년 동안 작동하고 있는 큰 액체 신틸레이터를 사용한 검출기가 있다. 또 현재 준비 중인 실험으로는 태양 중성미자의 낮은 에너지 부분(즉 양성자와 양성자가 처음으로 중양성자와 양전자, 중성미자가 될 때 방출되는 것)을 측정하기 위해 앞에서 설명한 데이비스의 ^{37}Cl 대신에 ^{71}Ga(갈륨)을 표적 원자핵으로 하는 실험을 미국과 공동으로 준비하고 있다. 이 저에너지 중성미자는 태양 에너지의 대부분을 담당하는 양성자-양성자 반응의 빈도를 알려주는 것이므로 대단히 중요한 정보이다.

이와 같은 타입의 실험(역시 ^{71}Ga을 사용하는) 준비가 이탈리아의 새로운 지하 실험소(그란사소의 산속에 있는)에서 유럽의 물리학자들과 공동으로 진행되고 있다. 이 그란사소 지하 실험소는 이탈리아 정부가 거액의 자금을 들여 기초 과학의 진흥을 위해 만든 시설이다. 여기에서는 앞의 실험 외에, 예를 들면 자기 단극자 탐색을 위한 실험, 이중 β 붕괴의 실험, 중력파 검출을 위한 실험, 앞으로 초신성 중성미자를 대량으로 포착하기 위한 거대한 액체 신틸레이터의 실험, 나아가서는 액체 아르곤을 사용한 입자 비적의 검출기의 개발 연구 등이 준비, 계획되고 있다.

그 밖에도 미국에서는 브롬을 사용한 태양 중성미자의 검출 계획이 제안되고 있다. 또 호수의 일부를 사용하여 물 체렌코프 방법으로 지구의 뒤쪽으로 오는 중성미자가 만든 뮤온(산입자)을 검출함으로써 고에너지 중성미자를 방출하고 있는 천체를 찾는 계획도 있다. 이와 비슷하게 이미 십수 년 전에 하와이 근해 4,000m의 바닷속에 광전자 증배관을 배열하여 대단히 높은 에너지의 중성미자를 생기게 하는 사상을 잡으려는 계획이 있었다. 이것은 높은 수압 속에서 어떻게 하면 의미가 있는 데이터를 얻을 수 있는가를 테스트하는 예비 실험인데, 몇 년째 계속되고 있으며 아직 최종 계획안이 정리되어 있지 않는 것 같다.

일본의 결정타 '슈퍼 가미오카'

이러한 세계의 상황을 살펴본 뒤에 그럼 일본에서는 지금부터 어떤 계획을 추진하면 좋은가 하고 내 나름대로 생각해 보았다. 역시 가미오카 지하 실험에서 실증된 물 체렌코프의 정밀 실험에는 일본에서 개발된 세계 최대의 광전자 증배관이 크게 기여하고 있는데, 그것을 더욱 추진하는 것을 먼저 고려해야 한다고 생각한다.

다행히도 현재 가미오카 실험에 결집하고 있는 일본의 물리학자들이 차기 계획으로, 감도로 해서 약 30배, 정도면에서는 현재의 가미오카 실험에 비해 2배의 더 빛을 모으는 '슈퍼 가미오카'라는 실험 계획을 짜서 정부에 개산 요구를 하고 있다.

이 '슈퍼 가미오카'는 이를테면 보통 천체물리학의 거대 망원경에도 상당하는 것으로 중성미자 천체물리학에 순조로운 발전을 위해서는 이러한 장치가 일본뿐만 아니라 세계 각지에 몇 군데 설치되어 이를 통해 세계적인 관측망을 만들어 하늘 곳곳을 중성미자로 하루 종일 들여다 볼 수 있게 되는 것이 당연하다고 생각된다.

그럼 '슈퍼 가미오카'가 가능하다면, 구체적으로는 어떤 것을 기대할 수 있는가 예측해 보자.

'슈퍼 가미오카'는 무엇을 밝히려고 하는가

이미 현재의 가미오카 실험에서 태양으로부터의 ^{8}B에 의한 전자 중성미자를 관측할 수 있다는 것은 알려졌다. '슈퍼 가미오카'는 그 감도와 정도를 향상시켜 보다 낮은 에너지까지의 중성미자를 많이 포착할 수 있을 것이다. 예를 들면 그 데이터를 통해 태양 중심부의 온도 변화를 매주 1% 정도 관측이 가능하게 된다. 이것은 태양 내부에 관한 우리의 지식을 비약적으로 높일 뿐만 아니라 전자 중성미자 그 자체의 소립자적 성질을 추구하는 데 다시없는 기여를 할 것으로 생각된다.

또한 다음 초신성이 우리 은하계의 중심 부분에서 일어났다고 하면, 그때 '슈퍼 가미오카'가 기록하는 중성미자 사상수는 약 4,000개이며, 그중 약 200개는 최초의 100분의 1초 이내에 일어나고 더욱이 그들 사상은 태양 중성미자에서 설명한 것과 같이 중성미자의 도래 방향을 나타내는 즉시 해석함으로써 초신성의 방향이 2° 이내의 정밀도에서 알게 될 것이다.

또 나머지 3,800개의 사상은 방각(方角)은 알려주지 못해도 각각의 중성미자(이 경우는 반전자 중성미자)의 에너지를 각각 나타낼 것이므로,

중성미자의 에너지 분포가 시간과 더불어 어떻게 변해 갔는가를 관측하는 것도 가능하다. 이것은 1987년의 대마젤란성운 중 초신성 폭발로부터 온 중성미자에 의한 총계 11개의 사상수에 비해서 매우 자세하게 별의 중력 붕괴에 관해 알 수 있을 것이다.

그러면 은하계 내에서 다음 초신성은 대체 언제쯤 일어날까 하는 질문이 나올 것이다. 지금까지의 관측 예에서 보면 은하 성운 중에서 대략 30년에 한 번 정도가 아닌가 하는 추정이 대세를 차지하고 있는 것 같다.

관측의 역사에 의하면, 인류가 눈으로 본 초신성의 예는 그것보다 훨씬 빈도가 낮은데, 그 관측된 초신성은 은하 원반 중 우리가 사는 태양계에서 매우 가까운 부근에 있는 것뿐이다. 실은 은하의 원반 중, 특히 은하의 중심부 근처는 먼지나 여러 가지 가스가 분포되어 있어서 저쪽에서 오는 빛은 보이지 않게 되어 있다. 그러므로 태양계에서 보는 은하의 중심이나 저쪽에 일어난 초신성은 눈으로는 관측할 수 없었다는 예도 상당수 있어서 이상하지 않다. 그러나 중성미자는 그런 물질을 뚫고 지나가므로 중성미자로 관측할 수 있는 체제를 만들기만 하면 은하의 어느 곳에서나 일어난 초신성 폭발도 알게 될 것이다.

그 밖에 '슈퍼 가미오카'는 우주 대폭발의 극히 초기에 만들어진 무거운 새 입자를 찾는 연구도 더 진척시킬 것이다.

μ중성미자의 수가 적은 것은

낮은 에너지의 중성미자는 앞에서 설명한 몇 가지 실험에 맡긴다고 해도 중성미자의 천체물리학을 추진하는 데 있어서 대기 중에서 만들어진 μ중성미자와 전자 중성미자를 상세하게 조사함으로써 알아낸 문제점이다.

그것은 μ중성미자의 수가 전자 중성미자의 수에 비해 보통의 이해를 뛰어넘을 만큼 적었다는 실험 결과이다. 이것은 처음에 μ중성미자로 만들어진 것이 대기에서 지구를 뚫고 가미오카의 검출기에 도달될 때까지 다른 타입의 중성미자로 변했다고 생각하면 설명할 수 있다. 유감스럽게도 대기 중성미자를 이렇게 μ형과 전자형으로 정확하게 구분하여 측정할 수 있는 실험이 달리 없으므로 이 결과는 아직 추인되어 있지 않다.

이 중성미자의 진동 문제는 앞의 태양 중성미자의 경우에도 나온 문제이며, 이들 중성미자가 과연 제로가 아닌 유한의 정지 질량을 가지는가 어떤가 하는 것은 소립자의 기초 이론에 대해서도 대단히 큰 영향력을 주는 일이므로, 과거 몇 년에 걸쳐 세계 몇 곳에서 고에너지 진동이 검출될 수 있는가 어떤가 하는 것이 탐색되어 왔다. 그러나 지금까지의 실험 결과는 전부 부정적인 것이었는데, 처음으로 가미오카 실험이 중성미자의 질량은 지금까지 조사된 것보다도 작은 질량인 것 같다는 긍정적인 결과가 나왔다. 이것은 천체로부터의 중성미자를 관측했을 때, 관측된 중성미자가 원천의 별에서 나왔을 때와 어떻게 변했는가를 정

중성미자 공원

그림 6-1 | 고에너지 천문학자의 꿈(중성미자 망원경)

확하게 이해하기 위해 어떻게든 해결해야 할 문제이다.

그런데 가미오카가 대기 중성미자에서 발견한 문제점을 가속기로부터의 중성미자를 사용해 확실하게 확인하기 위해서는 가속기에서 만들어진 중성미자원에서 1000㎞쯤 떨어진 곳에 검출기를 설치하여 그 1000㎞ 사이에서 중성미자는 어떻게 종류가 변이되었는가를 조사해야 한다.

가속기에서 만들어진 중성미자는 멀어지는 데 따라서 빔이 열리므로 1000㎞ 떨어진 곳에서 충분한 수의 사상을 관측하기 위해서는 아무래도 100만 톤 정도 질량의 검출기를 준비하는 것이 불가결하다.

현재 거대 가속기의 실험에서 사용되고 있는 장치가 총중량이 약 1000톤이고, 총비용이 약 100억 엔이라는 것을 고려하면 이 100만 톤의 중성미자 검출기를 만드는 데 있어서 어지간히 생각하지 않으면 금전 면에서 실행이 불가능해질 것이 분명하다.

1988년 노벨상을 받은 실험에서 가속기로부터의 중성미자 빔을 약 1000톤의 검출기를 사용해 그 가속기 중성미자(이것은 대부분 μ중성미자이다)가 검출기 안에서 뮤온을 만드는지 전자를 만드는지, 그 비율은 어느 정도인지를 조사했는데, μ중성미자는 전자를 만들지 않고 뮤온만 만든다. 그러므로 이것은 다른 종류의 중성미자라는 것을 실험적으로 보인 것이다.

이것으로도 알 수 있는 것처럼, 거의 전부가 μ중성미자인 가속기로부터의 중성미자가 1,000㎞ 날아간 다음에 전자 중성미자가 되어 있는 것은 몇 %, μ중성미자로 된 것은 몇 %, 그리고 나머지 μ중성미자는 몇 %인가를 정확하게 측정할 수 있는 장치여야 한다. 즉 적어도 만들어진 그 하전 입자가 뮤온인가 전자인가 하는 것은 확실하게 구분할 수 있어야 한다.

이 구분은 이미 가미오카 실험으로 확립된 기술이다. 또한 대량의 물 주위에만 고감도의 광전자 증배관을 배치하여 관측하는 방법은 가장 싸게 거대 검출기를 만드는 방법이다. 그러므로 이 선에 따라서 지름 약 200m, 깊이 50m의 인공 연못을 사용한 중성미자의 진동 실험이 지금 미국, 이탈리아에서도 검토되고 있다.

이러한 검출기는 가속기 중성미자의 진동 문제에 최종적인 답을 줄 뿐만 아니라, 지구의 반대쪽에서 오는 중성미자가 만든 위로 향한 뮤온을 대량으로 관측함으로써, 만일 어떤 천체가 고에너지 중성미자를 많이 내고 있다면 그것을 발견할 수 있을 것이다. 만일 그런 것이 발견되면, 당연히 그 천체는 고에너지 γ선도 내고 있을 것이며, 아마 그 천체는 우리 지구에 쏟아지고 있는 우주선의 가속원(加速源)의 하나일 것이다.

또한 장기간에 걸친 가능성이 있는 연구 계획으로는 초전도나 초유동의 극저온 현상을 이용한 극히 낮은 에너지의 소립자 검출기의 개발 연구이다. 이것은 전 세계 몇 군데에서 실시되고 있는데, 일본에서도 진지하게 착수해야 할 테마 중 하나일 것이다.

아직 이야기가 막 나온 단계이지만 나는 정부에 지하 깊은 곳, 즉 우주선의 영향이 아주 적은 곳에 제대로 된 실험 환경을 만들어 우주선의 영향뿐 아니라 주위의 바위로부터의 방사선, 또는 공기 중의 방사선도 철저하게 제거한 극히 저방사능의 실험 환경을 만들어야 한다고 제안하고 있다. 만일 이것이 실현되면, 이 책에서 설명한 여러 천체물리학적인 중성미자의 관측이 훨씬 질이 좋은 것이 될 것이다. 예를 들면 아주 낮은 방사능이 생물 또는 그 유전에 어떠한 영향을 미치는가 하는 실험을 정량적으로 행하는 것도 가능하게 될 것이다. 또 아직 미답의 극저온(절대 온도 10만 분의 1도 이하)의 연구도 넓어질 것이다.

단위

특별히 단서가 없는 한, 시간은 초, 속도는 광속도를 단위로 측정하기로 한다. 이때 거리의 단위는 빛이 1초 동안에 나아가는 거리, 즉 3×10^{10}㎝가 된다. 에너지의 단위는 전자볼트인데, 이것은 1볼트의 전위차로 하전 입자를 가속했을 때 얻는 운동 에너지의 증가량이다. 또 아인슈타인의 관계식에 의해 입자의 정지 질량도 같은 전자볼트로 측정된다.

운동량

고등학교에서는 질량×속도라고 배웠을 것이다. 상대성 이론에서는 이 관계식에 의해 일반화되는데, 어쨌든 에너지와 같이 전자볼트로 측정되며 방향을 가진 벡터양이다.

각운동량

양자역학적인 회전량의 단위를 사용하여 나타낸다. 값은 0, 1, 2, … 이며 운동량과 같이 방향을 가진 벡터양이다.

소립자

자연계의 기초적 구성 입자라고 생각되고 있는 것으로, 인간의 이해가 진척됨에 따라 무엇을 소립자라고 부르는가가 변했다. 보통은 물질 질량의 대부분을 담당하는 원자핵의 구성 입자, 양성자, 중성자와 양성자의 양전하를 상쇄할 만큼 원자핵의 주위에 존재하는 전자를 말한다. 그러나 현대의 물리학에서는 몇 종류의 쿼크, 전자나 μ입자, 중성미자 등 실험적으로 유한의 확대나 내부 구조가 검출되어 있지 않은 것을 소립자로 한다. 개개의 소립자는 각각의 내부 양자수에 의해서 분류된다. 소립자의 상태는 파동 함수(장소와 시간의 함수)에 의하여 기술된다.

파동함수

입자의 종류의 특유한 양자역학적 파동 방정식에 따라서 변화한다. 어떤 공간 좌표와 시간 좌표를 주었을 때 이 함수의 절댓값의 제곱이 이 입자의 그 시간, 장소에서의 존재 확률의 밀도를 준다.

양자수

개개의 소립자를 특징짓는 특유의 양자역학적 물리량으로 질량, 전하, 패리티, 스핀, 이소 스핀, 기묘도, 매력도, 바텀도, 탑도나 컬러(색) 등.

패리티

우기성(偶奇性)이라고도 한다. 공간 좌표를 반전하여 양을 음으로, 음을 양으로 했을 때(예를 들면 거울에 비췄을 때) 파동함수의 부호가 변하지 않을 때는 플러스, 변할 때는 마이너스로 한다. 이 성질은 불변으로서 보존되는 것으로 생각되었으나 약한 힘이 작용할 때는 보존되지 않는 것이 발견되었다(리와 양의 주장과 우의 실험).

스핀

입자의 내부 자유도를 나타내는 것으로, 쉽게 말하면 입자 고유의 회전을 나타내는 양자수이며, 양자역학적 단위로 0, 1/2, 1, 2/3, 2, … 의 값을 취한다. 방향을 가진 양이다.

이소 스핀

원래는 스핀과 동일 종류인데 하전 상태가 다른 입자(예를 들면 양성자와 중성자, 또는 $\pi+$와 $\pi0$와 $\pi-$)를 개별 지정하기 위해 생각해 낸 가상적 스핀이다(예를 들면 양성자는 이소 스핀 1/2의 위로 향한 상태이고 중성자는 아래로 향한 상태). 이소 스핀을 넣어야 할 가상 공간에서의 회전 불변성 연구가 나중에 양-밀즈의 이론을 거쳐 국소 게이지 장(場) 이론의 길을 열게 되었다.

기묘도, 매력도, 바텀도, 탑도(플레이버)

이들 양자수는 소립자가 전자기력이나 강한 힘으로 상호 작용할 때 보존되는데, 약한 힘으로 상호 작용할 때는 보존되지 않는 것으로 알려져 있다.

컬러(색)

강한 힘의 원천이 되는 물리량(전하가 전자기력의 원천이 되고 있는 것처럼). 개개의 컬러가 상쇄되어 무색(백색)이 된 상태가 에너지가 낮고, 관측이 될 정도로 안정하게 존재할 수 있다고 생각한다. 한편 단독 쿼크는 무색이 아니므로 가령 만들어졌어도 수명이 아주 짧고 직접 관측되지 않는다고 생각한다.

중입자

원래 양성자, 중성자 외에 기묘도나 매력도를 가진, 양성자보다 무거운 입자류의 총칭이다. 3개의 쿼크로 이루어진다고 생각된다. 스핀은 1/2의 홀수 배. 양성자 이외는 불안정하고 붕괴하는 것이 알려져 있다. 양성자의 안정성을 설명하기 위해 중입자수 보존 법칙이 도입되었다.

중간자

처음에는 π중간자(유카와 입자)와 같이 양성자와 전자의 중간 질량을 갖는 입자를 가리켰는데, 그 후 양성자보다 무거운 중간자도 많이 발견되었다. 스핀은 정수(整數). 중간자는 모두 단시간에 붕괴되어 종국적으로는 몇 개의 경입자나 광자가 되어버린다. 쿼크와 반쿼크로 이루어진다고 생각된다. 중입자류와 중간자류는 모두 강한 힘을 서로 미치므로 이들을 묶어 하드론이라고 부르는 일도 있다.

경입자

전자, 그리고 우주선에서 이전부터 발견된 무거운 전자와 같은 신입자, 또 전자-양전자 충돌 실험에서 발견된 더 무거운 τ입자의 3종류의 전하를 가진 경입자 외에 각각 쌍이 되는 전자 중성미자, μ중성미자, τ 중성미자가 있다. 강한 힘은 작용하지 않고, 스핀은 1/2. 경입자수 보존 법칙도 도입되어 있다. 현재의 실험 정도에서는 경입자는 크기나 내부 구조를 갖지 않는 소립자라고 생각된다(반지름 1경 분의 1㎝ 이하).

페르미 입자

스핀이 1/2의 홀수 배의 입자. 중입자나 경입자의 총칭으로 이들 입자는 하나의 양자역학적 상태에서 1개밖에 존재할 수 없다(페르미 통계에 따른다). 이 성질이 별의 안정성에 중요한 역할을 하고 있다.

보즈 입자

스핀이 정수인 입자. 중간자나 광자의 총칭으로 하나의 상태에 몇 개라도 존재할 수 있다(보즈 통계에 따른다).

반입자

페르미 입자의 시간의 방향을 역으로 한 것. 그 결과, 질량 이외의 양자수(전하 등)는 부호가 변한다. 예를 들면 전자와 양전자·양성자와 반양성자는 서로 각각의 반입자인데, 우리가 주변에서 익숙한 전자나 양성자를 입자로 하고, 양전자, 반양성자를 반입자로 하는 것이 관행으로 되어 있다.

입자와 반입자는 쌍이 되어 생성되거나 소멸하기도 한다.

입자를 반입자로, 반입자를 입자로 바꾸고, 다시 공간을 반전했을 때 물리 법칙은 불변이라는 보존법칙이 고려되었는데, 이것은 약한 힘이 작용할 때는 깨지는 것이 발견되었다(피치, 크로닌의 중성 K중간자 붕괴 실험).

β(베타) 붕괴

자연 방사능에 의해 원자핵이 방사선을 방출할 때, 헬륨 원자핵을 방출하는 α 붕괴, 전자를 방출하는 β 붕괴, γ선을 내는 γ 붕괴의 3종류의 양식이 있으며, β 붕괴는 약한 힘에 의해 중성자가 전자를 방출하여 양성자로 변환되는 것으로 해석하고 있다.

보존법칙

몇 가지 물리량은 앞과 뒤에서 변화가 없다는 것을 보존법칙의 형식으로 명기한다. 에너지 보존법칙, 운동량 보존법칙, 전하의 보존법칙은 잘 알려져 있다. 이들은 보다 기본적인 원리에서 유래한 것으로 깨지지 않는다고 생각된다. 이 밖에도 중입자수 보존법칙, 경입자수 보존법칙, 패리티 보존법칙, 기묘도 보존법칙 등 여러 가지가 있는데, 이들은 절대적인 것이라고는 생각되지 않고 부분적으로는 깨지고 있다는 것이 실험으로 이미 알려진 것도 있다.